包装印刷类专业规划教材

印刷机结构与调节

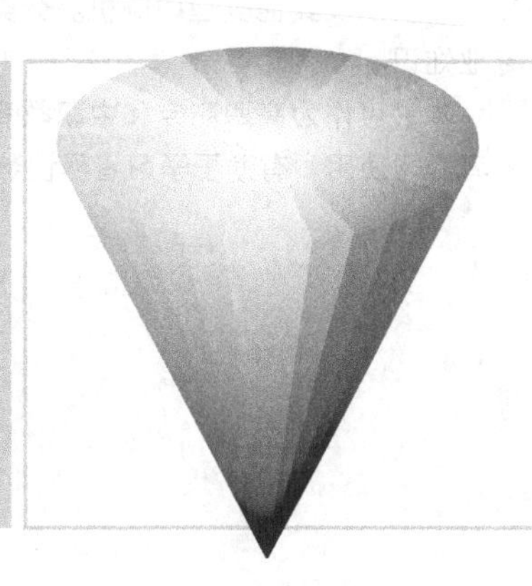

王世玉　主　编
王　峰　孙文栋　副主编

YINSHUAJI

JIEGOU YU TIAOJIE

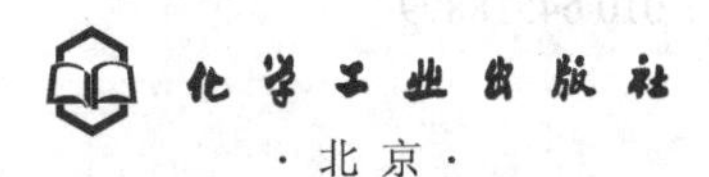

·北京·

本书以目前常用的印刷机为主，揭示基本原理，剖析典型结构，介绍调节方法，并融入了印刷行业最新进展和先进科研成果。本书共分四篇、十六个模块，分别介绍了印刷机基础知识、单张纸胶印机、卷筒纸胶印机以及其他类型印刷机。分类科学、清晰，语言通俗易懂，使读者能在短时间内获得诸多印刷机械专业知识。

本书可作为高职高专和中职教育院校印刷工程类专业师生教学用书，也可供从事印刷、包装行业的从业者学习使用，有助于学习者尽快熟悉印刷机械的结构和调节方法，提升操作能力和专业水平。

图书在版编目（CIP）数据

印刷机结构与调节/王世玉主编. —北京：化学工业出版社，2017.1（2024.2重印）
包装印刷类专业规划教材
ISBN 978-7-122-28415-0

Ⅰ.①印… Ⅱ.①王… Ⅲ.①印刷机－教材 Ⅳ.①TS803

中国版本图书馆CIP数据核字（2016）第258416号

责任编辑：李彦玲　　文字编辑：张绪瑞
责任校对：边　涛　　装帧设计：王晓宇

出版发行：化学工业出版社（北京市东城区青年湖南街13号　邮政编码100011）
印　　装：北京科印技术咨询服务有限公司数码印刷分部
787mm×1092mm　1/16　印张$9^1/_4$　字数230千字　2024年2月北京第1版第3次印刷

购书咨询：010-64518888　　售后服务：010-64518899
网　　址：http://www.cip.com.cn
凡购买本书，如有缺损质量问题，本社销售中心负责调换。

定　　价：38.00元

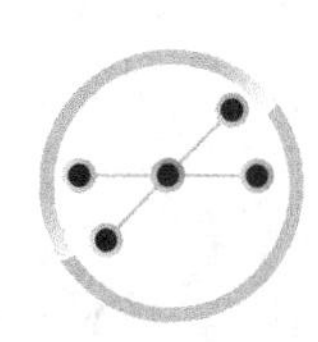

前言

FOREWORD

随着我国职业教育的进一步发展普及，印刷行业急需既精通理论又擅长操作的人才，编者力求按照职业教育的特点编写本书，章节体系为“模块—项目—任务”式，以适应高职教育的需要。

为尽量体现印刷机的先进技术和发展方向，本书参考了海德堡、高宝、高斯、三菱、北人、曼罗兰、富士施乐等著名印刷设备制造厂家的技术资料，并按照印刷机的组成，详细介绍代表机型的结构及调节方法，使读者通过本书尽可能地了解到先进的、实用的印刷机知识。

本书内容全面，章节划分合理，以单张纸胶印机为主，对卷筒纸印刷机和其他印刷形式的印刷机也进行了介绍和讲解；针对各模块的内容，课后有提高和加深认识的习题。

本书由山东传媒职业学院的王世玉任主编和统稿，山东传媒职业学院的王峰、孙文栋任副主编，山东传媒职业学院的秦雯和陈曦，泉州经贸职业学院的余艳群、王晓艳和杨婷，江西传媒职业学院的刘巧儿参加编写。其中第一篇和第二篇的模块一、模块二、模块五由王世玉编写，模块三、模块四由刘巧儿编写，模块六由秦雯编写，模块七由余艳群编写；第三篇由王峰和陈曦编写；第四篇的模块一由杨婷和王晓艳编写，模块二、模块三、模块四由孙文栋编写。

由于水平和能力有限，书中难免会出现不妥和疏漏，恳请读者和专家批评指正，并及时反馈给我们，不胜感激！

编者

2016年10月

目录
CONTENTS

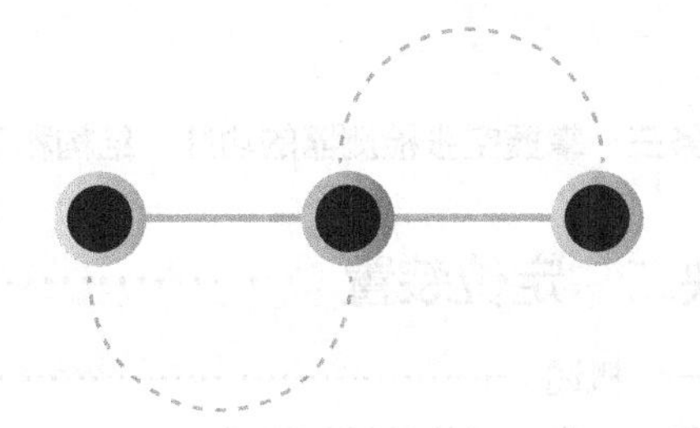

第一篇　印刷机的基础知识

第二篇　单张纸胶印机的结构与调节

第一篇

印刷机的基础知识

印刷机是印刷文字和图像的机器。一般由输纸、装版、涂墨、压印、收纸（包括折叠）等机构组成。印刷机的发明和发展，对于人类文明和文化的传播具有重要作用。

印刷机械制造行业承担着为书刊出版、新闻出版、包装装潢、商业印刷、办公印刷、金融票证等专业部门提供装备的任务，设备以平版印刷、凹版印刷、柔版印刷、凸版印刷、孔版印刷5大印刷方式及特种印刷的印刷机为龙头，带动印前设备及印后加工设备共同发展。

模块一

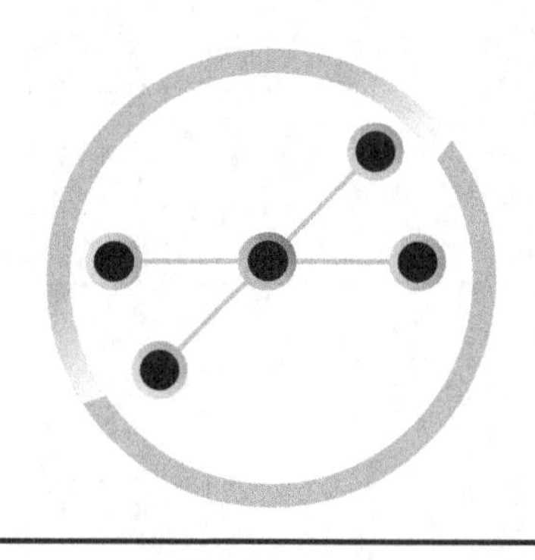

Unit 01

印刷机的发展历史

1439年，德国的谷腾堡制造出木制凸版印刷机，这种垂直螺旋式手扳印刷机虽然结构简单，但却沿用了300年之久；1812年，德国的柯尼希制成第一台圆压平凸版印刷机；1847年，美国的霍伊发明轮转印刷机；1900年，制成六色轮转印刷机；1904年，美国的鲁贝尔发明胶版印刷机。

20世纪50年代以前，传统的凸版印刷工艺在印刷业中占据统治地位，印刷机的发展也以凸版印刷机为主。但铅合金凸版印刷工艺存在劳动强度高、生产周期长和污染环境的缺点。从60年代起，具有周期短、生产率高等特点的平版胶印工艺开始兴起和发展，铅合金凸版印刷逐渐被平版胶印印刷所代替。软凸版印刷、孔版印刷、静电印刷、喷墨印刷等，在包装印刷、广告印刷方面也得到发展。

世界印刷机械自20世纪80年代以来取得了较大的发展。30多年来，印刷机械的发展经历了三个阶段。

第一阶段是20世纪80年代初至90年代初期，这一阶段是胶印印刷工艺发展的鼎盛时期。这一时期的单张纸胶印机最大印刷速度为10000印/小时。一台四色印刷机印刷前的预调整准备时间一般为2h左右。印刷机自动控制主要集中于自动结纸、自动收纸、自动清洗、墨色的自动检测及墨量自动调节以及套准遥控等方面。这一时期除了单色、双色机外，每个单张纸胶印机制造厂商几乎都还具有四色机的制造能力，多数制造商都能够制造纸张翻转机构，进行双面印刷。

第二阶段是20世纪90年代初至20世纪末。进入20世纪90年代，以单张纸胶印机为标志，国际上印刷机械设计制造水平向前迈进了一大步。与第一阶段的机型相比，新一代机型的速度进一步提高，由10000印/小时提高到15000印/小时，印前预调整时间也由第一阶段的2h左右大大缩短为15min左右。机器的自动化水平和生产效率也大大提高。

进入21世纪以来印刷机械迎来第三个发展阶段。目前，单张纸胶印机的某些机型可以达到17000～18000印/小时，但制造厂商并不极力追求印刷机最大印刷速度的提高，而是通过信息技术的应用，进一步缩短印前准备时间和更换活件的时间，追求更高生产效率。

在印刷机械自动化方面，网络化、生产集成化、数字化工作流程、与管理信息系统（MIS）的链接等技术成为开发的重点。此外，为了适应人们对高档彩色印刷品的需求，8色组甚至10色组的多色组双面印刷、附加联线印后加工功能成为各类单张纸胶印机（包括小胶印机、DI直接制版机以及大型胶印机）的开发趋势。

项目一 我国印刷机械的现状

中国印刷机械制造业是在模仿和吸收国外先进机型、技术的基础上发展起来的，迄今已取得了较大发展，主导企业是传统大型国有企业如北人集团等，民营企业如长荣股份等作为后起之秀逐步在市场占据一定份额。但从行业整体发展水平来看，目前国内印刷机械行业仍远远落后于国际水平，主要体现在以下几个方面：

（1）企业规模小。据有关统计披露，2012年，我国248家规模以上印机企业销售总收入为328亿元，利润总额69亿元。单个企业平均收入规模为1.32亿元，利润规模仅区区2144万元。行业整体收入规模仅约相当于德国海德堡印刷机械公司50%，后者是印刷机械业首屈一指的解决方案供应商，在全球单张纸印刷机市场上占据4成以上的份额。

（2）生产集中度低。国内印机行业的另一个特征是生产集中度很低。根据印工协的统计数据，2012年，国内印机企业收入前十分别为北人集团、天津长荣、上海光华、大族冠华等，前十大企业收入合计27.82亿元。据此计算，中国印机行业市场集中度CR3、CR5、CR10分别仅为5.4%、6.9%和8.5%，远低于机械行业其他子行业。

（3）外资品牌垄断50%以上市场份额。目前，国际主要印机企业如海德堡、曼罗兰、高宝、小森、三菱、高斯等均已进入中国市场，这些印机龙头实力强劲，技术相对成熟，产品质量与性能也较为稳定，品种体系丰富，在中国印机市场占据了较高的市场份额。

我国印刷机械行业要向数字印刷和印刷数字化转型，这是一个庞大的工程。第二个方向是向绿色印刷转型。绿色印刷包括环保印刷，也包括节能、减耗。

项目二 国内外主要印刷机

目前印刷企业根据主要的生产任务，使用不同的印刷机械，差别也很大。

任务一 掌握国外主要印刷机械

国外主要的印刷设备制造公司及主要产品见表1-1-1

表1-1-1 国外主要的印刷设备制造公司及主要产品

制造企业	类型	主要产品代号	备注
海德堡（Heidelberger Druckmaschinen）	单张纸胶印机	CD74/102, SM74/102, SM52, SpeedmasterCX102	主要生产单张纸胶印机
	数字胶印机	74DI, DI46	
曼罗兰（Manroland）	单张纸胶印机	ROLAND200/300/500/700/800/900	主要生产单张纸厚纸胶印机和卷筒纸胶印机
	轮转机	CROMOMAN, REGIOMAN, COLORMAN, ROTOMAN, LITHMAN	

续表

制造企业	类型	主要产品代号	备注
高宝（KBA）	单张纸胶印机	Genius52，Rapida74/105/130/142/162/185/205	主要生产大幅面单张纸印刷机和轮转机
	轮转机	Color, Colormax, Comet, Commander, Compacta 213/215/217/318/408/618/818	
高斯	轮转机	FPS, Newsliner, Colorliner, Mainstream, Universal, Mercury, Magnum, Community, C500/700, M-500/600, Printstream, Sunday2000/3000/4000	
小森	胶印机	Lithrone26/28/32/40/44/50，Sprint Ⅱ 26/28, SPICA426/429 Sprint Ⅱ 226P/228P, Lithrone26P/28P/40RP/44RP	主要生产单面、双面和轮转机。在北方用得比较多
	轮转机	SYSTEM18S/20S/35S/38S/25/35/40/43/49	
三菱	单张纸胶印机	DIAMOND1000/2000/3000/6000	
	卷筒纸胶印机	DIAMOND8/16/32/48/64	
德国F&K公司	柔性版印刷机	20SIX CS	
瑞士捷拉斯	标签印刷机、数码印刷机	捷拉斯EM 280	海德堡印刷机械股份公司已全额收购捷拉斯（Gallus）股份公司
日本SAKURAI（国内称樱井）	网版印刷机和胶印机	OLIVER-4105SD、OLIVER-466SD、OLIVER-496SD系列	
日本富士施乐	数字印刷机	（Fuji Xerox）SC2020CPS、Fuji Xerox DC-VC2275 CPS	

任务二　了解国内主要印刷机械

国内主要的印刷设备制造公司及主要产品见表1-1-2。

表1-1-2　制造公司及主要产品

制造企业	类型	主要产品代号	备注
北人集团	单张纸胶印机	BEIREN300、PZ4920/4720/4890、J2108、J2205、J2111、BR622、JS2102YP-T1B3、YP-T2B2、PD11230	国内主要胶印机制造商
	卷筒纸印刷机	JJ201/204/103、PJ787/2787、PJS1880/2880/4880、YP4880/2787/890	
上海光华	单张纸胶印机	PZ4650/1650/21020、P1740/ EP106/Jprint 4p440/2p240 Bestech40/28 PZ740/PZ650 /PZ1020	主要生产对开和四开胶印机
江苏昌昇	单张纸胶印机	CS102-4、CS102-5、CS118-4、CS130-4、CS145-4 YP1A1EA/1B1E/2A1E/2B1E/S1A1CD/S1A1EA/S1A1GB	主要生产对开全张胶印机
上海电气	单张纸胶印机		
辽宁大族冠华	单张纸胶印机	冠华系列47/52/56/66和筱原系列66/75/79/92/106	
江西中景	单张纸胶印机	JD5660/5740/41050、PZ4660/4740/4750/4790	

续表

制造企业	类型	主要产品代号	备注
威海印机	单张纸胶印机	WIN924/564/524/562/522/34S/560/520/500/450	
中山松德	柔版印刷机	SRY1300F	
潍坊华光	单张纸胶印机	HG79/452/58/66/52、WF62/47	

习题

1. 简述印刷机的发展历程。
2. 简述印刷机的发展现状和趋势。
3. 列举国内和国外印刷机厂家及代表机型。

模块二

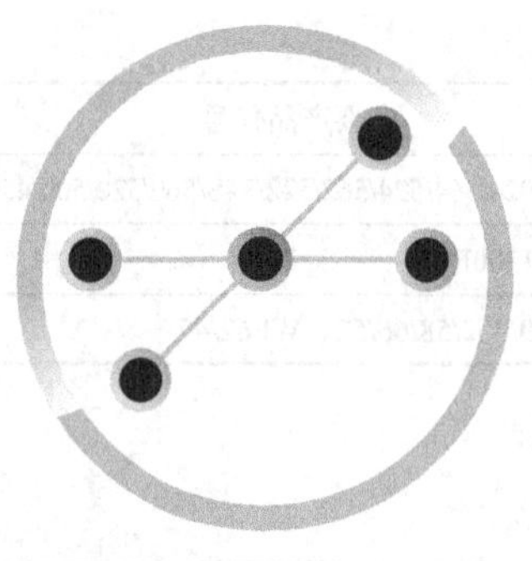

Unit 02

印刷机的分类与命名

项目一 印刷机的分类

1.按压印结构形式分类

可分为平压平型印刷机、圆压圆型印刷机、圆压平型印刷机。

2.按印版类型分类

可分为凸版印刷机、凹版印刷机、平版印刷机、孔版印刷机、柔版印刷机。

3.按纸张类型分类

可分为单张纸印刷机和卷筒纸印刷机。

4.按印刷纸张开幅分类

单张纸印刷机可分为：全张、对开、四开、六开、八开印刷机等。

卷筒纸印刷机可分为：787mm、880mm、1230mm、1575mm等纸幅宽度的卷筒纸印刷机。

5.按印刷速度分

低速印刷机（$v \leqslant 6000$r/h）、中速印刷机（6000r/h $< v <$ 10000r/h）和高速印刷机（$v \geqslant 10000$r/h）。

6.按印刷色数分

可分为单色、双色、四色及多色印刷机。

项目二 印刷机的命名

1.国产印刷机的命名

印刷机的型号名称一般要能表示机器的类型、用途、结构特点、纸张规格、印刷色数、自动化程度等特性。我国印刷机产品型号编制方法经历了四个标准。

（1）JB/E 106—73标准（1973年7月1日实施，1983年1月1日止）

该标准规定机器型号由基本型号和辅助型号两部分组成。基本型号采用机器分类（组）名称汉语拼音的第一个字母，辅助型号包括机器的主要规格（如纸张幅面、印刷色数等）和顺序号。对纸张幅面而言，1代表全张；2代表对开；4代表四开；8代表八开。对印刷色数而言，1代表单色；2代表双色；3代表三色…。产品顺序号用01，02，03…表示。如在顺序号后面加上汉语拼音字母A、B、C…，表示改进设计的次数。一次改进设计为A，二次为B，三次为C…。

产品型号示例：

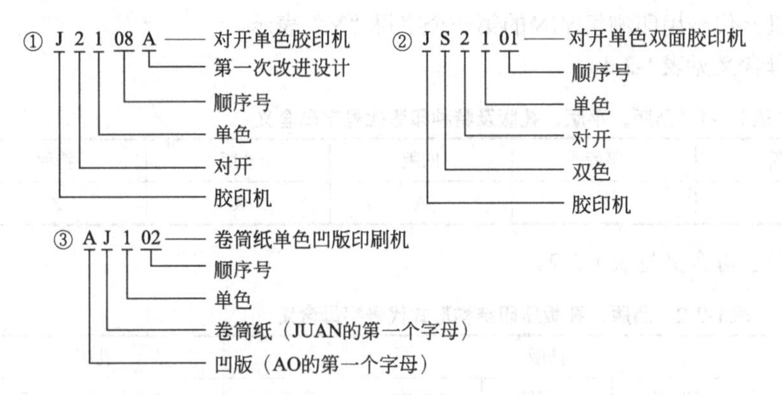

（2）JB 3090—82标准（1983年1月1日实施，1989年1月1日止）

该标准规定产品型号由主型号和辅助型号两部分组成。主型号一般依次按产品分类名称、结构特点、纸张品种、机器用途和自动程度等顺序编制。辅助型号为产品的主要性能规格和设计顺序。主型号用汉语拼音字母表示，辅助型号中主要性能规格用阿拉伯数字表示，改进设计顺序依次用汉语拼音字母A、B、C…表示，其中字母“O”不宜使用。

该标准与上述标准（JB/E 106—73）相比，主要区别有两点：第一，它在名称中用平版的第一个拼音字母“P”代替了胶印机的“J”；第二，用纸张幅面宽度（如1575mm，880mm…）代替了纸张幅面（纸张的开数）。

产品型号示例：

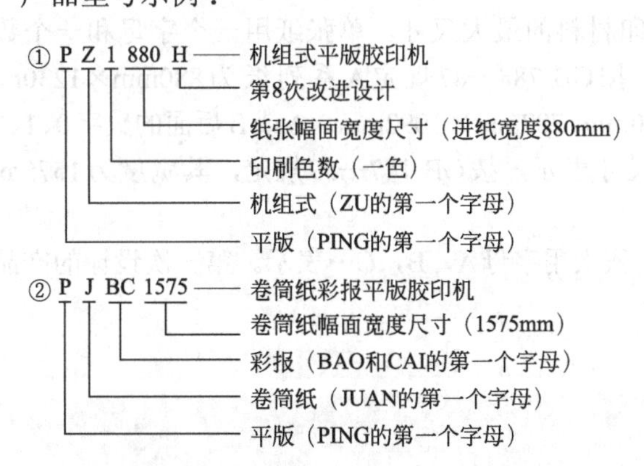

（3）ZBJ 87007.1—88标准（1989年1月1日实施，1993年1月1日止）

该标准的产品型号由主型号和辅助型号两部分组成。主型号表示产品的分类名称、印版种类、压印结构形式等，用大写汉语拼音字母表示。辅助型号表示产品的主要性能规格和设计顺序，用阿拉伯数字或字母表示。

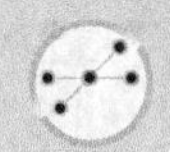

型号代号内容：

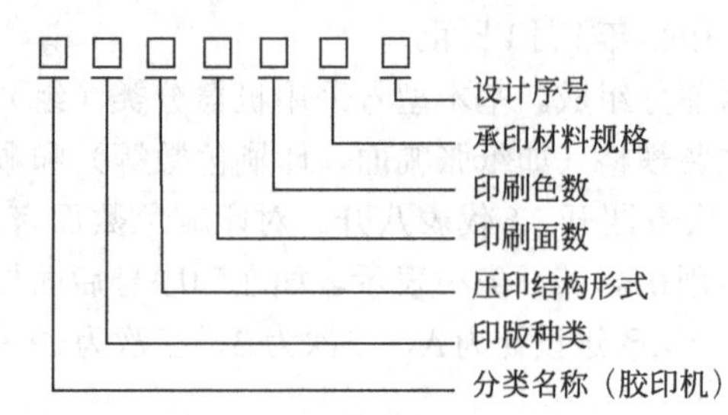

① 分类名称（印刷机）代号用印刷机YIN的第一个字母“Y”表示。

② 印版种类代号字母含义见表1-2-1。

表1-2-1　凸版、平版、孔版及特种印版代号字母含义

印版种类	凸版	平版	凹版	孔版	特种
代号	T	P	A	K	Z

③ 压印结构形式代号字母含义见表1-2-2。

表1-2-2　凸版、孔版压印结构形式代号字母含义

印版种类	凸版					孔版	
压印结构形式	平压平	停回转	一回转	二回转	往复转	平	圆
代号	P	T	Y	E	W	P	Y

注：圆压圆型号中不表示。

上述两表中的代号字母（除特种）均为其汉语拼音的第一个字母，只有Z是特种的种（ZHONG）字的第一个字母。这是因为特种的特（TE）和凸版的凸（TU）字的第一个字母相同，故取第二个字的字母。

④ 印刷面数代号中双面或可变双面胶印机用字母S表示。

⑤ 印刷色数代号用数字1、2、3、4、5、6表示单面印刷色数，一面单色另一面多色的胶印机用多色的色数代号表示。

⑥ 承印材料规格代号表示胶印机能承印材料的最大尺寸。单张纸用一个字母和一个数字表示，即A0、A1、A2…；B0、B1、B2…。按GB 788—87规定A系列纸为880mm×1230mm，900mm×1280mm，B系列纸为1000mm×1400mm，787mm×1092mm。A或B后面的数字0、1、2…表示全张、对开、四开…。卷筒纸用宽度尺寸表示，按GB 147—59规定，其宽度为1575mm，1092mm，880mm，787mm。

⑦ 设计序号表示改进设计的先后顺序，依次用字母A，B，C…表示。第一次设计的产品不表示。

产品型号示例：

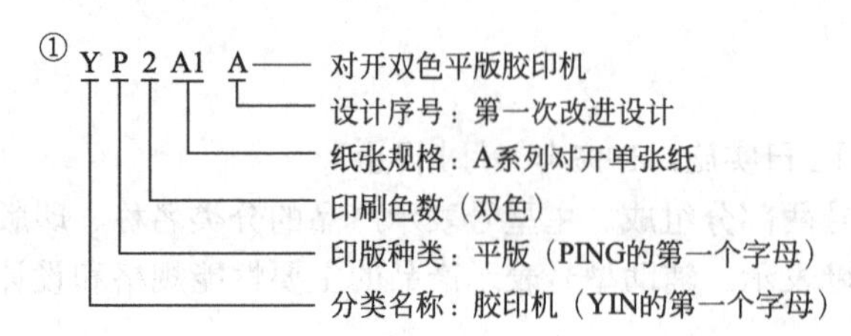

② Y P S 1 880 —— 卷筒纸单色双面平版胶印机
- 880：纸张规格：幅面宽度880mm卷筒纸
- 1：印刷色数：单色
- S：印刷面数：双面（SHUANG的第一个字母）
- P：印版种类：平版（PING的第一个字母）
- Y：分类名称：胶印机（YIN的第一个字母）

（4）JB/T 6530—92标准（1993年1月1日实施，代替ZBJ 87007.1—88）

该标准与所代替的标准基本相同，不同之处主要有三点：其一是用字母S表示双面胶印机或单双面可变胶印机，单面胶印机以及卷筒纸或其他承印材料（简称卷筒纸）的双面胶印机型号中一般不表示；其二是单色胶印机一般不表示；其三是改进设计的字母也可表示第二个厂家开发的产品。

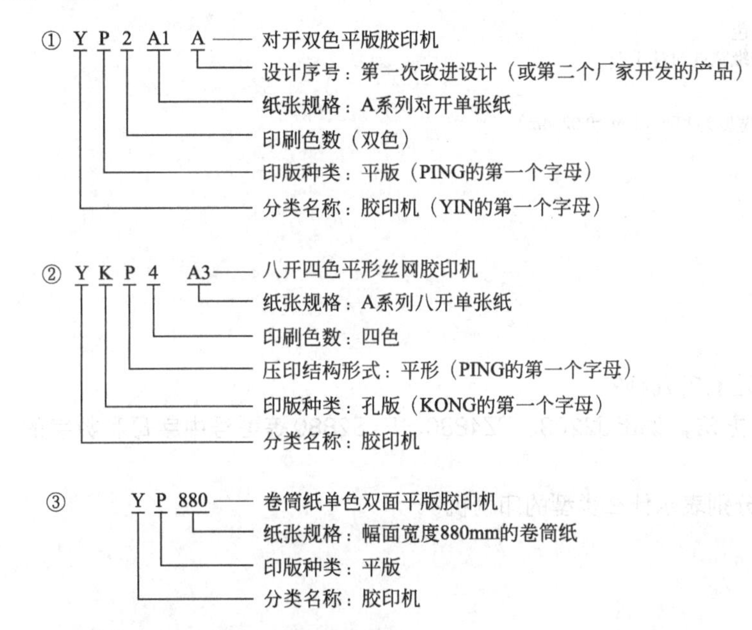

2.国外胶印机型号的编制方法

国外生产印刷机的每个公司都有自己的命名方法，并没有统一的命名规则可循，下面仅对在我国常见的产品型号示例如下：

海德堡Speedmaster 102-4型机、海德堡Speedmaster CD 102-4LYYL（X）型机、海德堡M 600型机、罗兰704型机、高宝利必达105-4型机、小森丽色龙S 440型机、三菱钻石3000-4型机、秋山J Print 4p440型机等。

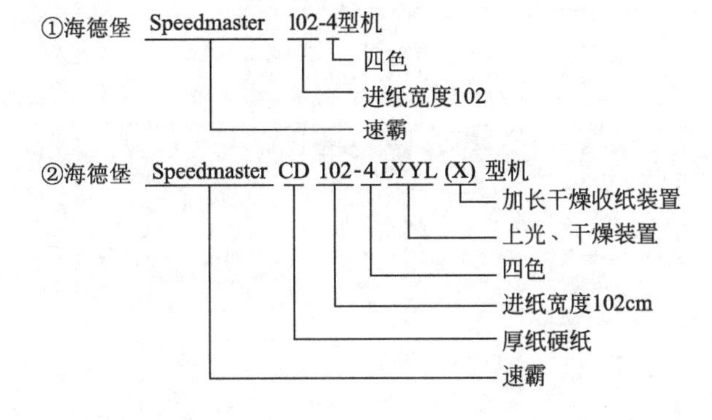

③海德堡 M 600 型机
- 600——设计型号
- M——商业卷筒纸印刷机

④罗兰 704 型机
- 4——四色
- 70——进纸宽度为对开

⑤高宝利必达 105-4 型机
- 4——四色
- 105——进纸宽度105cm

⑥小森丽色龙 S 440 型机
- 40——进纸宽度为40in（1 in =0.0254m）
- 4——四色
- S——超级

⑦三菱钻石 3000-4 型机
- 4——四色
- 3000——进纸宽度为对开

⑧秋山 J Print 4p440 型机
- 40——进纸宽度为40in（1 in =0.0254m）
- 4——四色
- p——双面
- 4——四色

习题

1. 常用印刷机分类方法有哪几种?

2. 根据印刷机的命名方法，说出J2203、PZ4880、PYS2880等型号中字母和数字的含义。

3. YP2A1Y、YP4B1分别表示什么类型的印刷机?

第二篇

单张纸胶印机的结构与调节

模块一

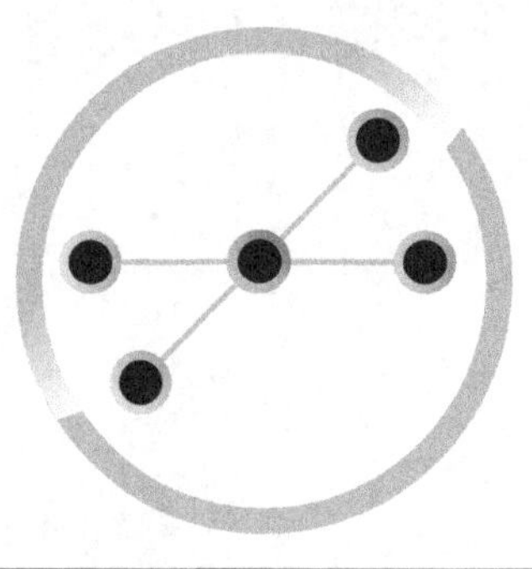

Unit 01

输纸装置

输纸装置是指胶印机中将印刷的纸张从纸堆上输送到定位机构的装置。单张纸的输纸装置又称给纸机，英文名为FEEDER，音译为“飞达”。主要由分纸和输纸两部分组成。一般给纸机与印刷主机部分是分开的，分纸与输纸的动力由主机提供，输纸台升降由本身电机供给动力。纸张的输送过程如图2-1-1所示。

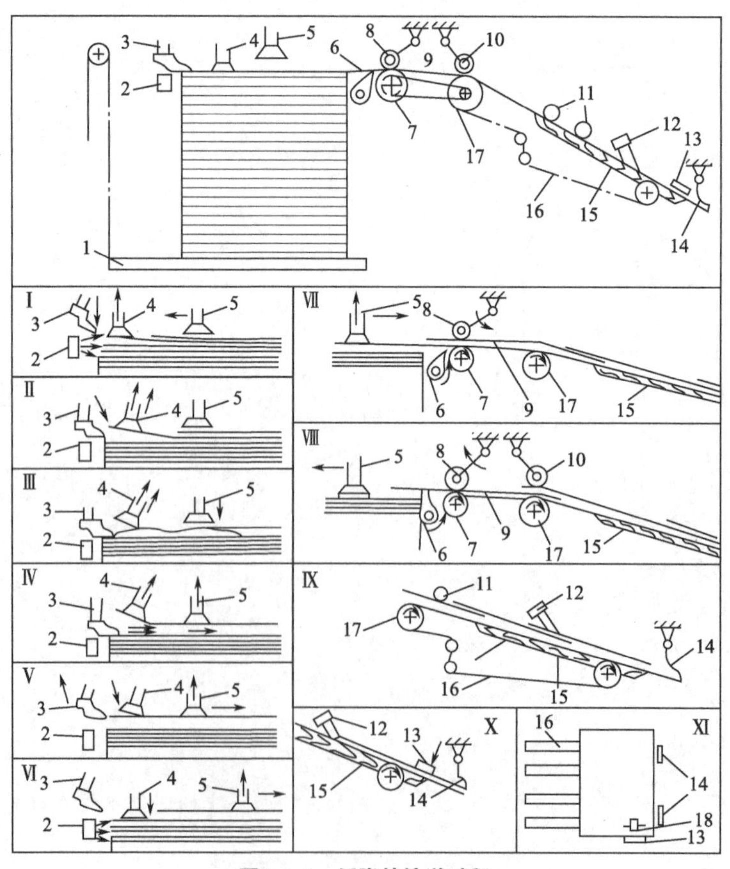

图2-1-1　纸张的输送过程

1.对自动给纸机的基本要求

① 有较高的给纸、输纸速度，以适应主机的需要。

② 能可靠、平稳而准确地把纸张传送至套准装置进行正确定位。

③ 当纸张的品种、规格发生变化时，能方便地进行调整。

④ 保证纸张正确分离，应设防止双张装置。

⑤ 在印刷过程中，给纸台能自动上升，使纸堆保持合理的高度，并尽可能做到不停机补充纸张。

⑥ 在输纸过程中，不能损伤纸张，对已印刷的表面，不能产生蹭脏现象。

⑦ 当出现双张、纸张歪斜或残纸等故障时，要有可靠的自动停机安全装置。

⑧ 机构简单，操作方便，占地面积小。在机器运转过程中，能进行必要的调整。

2.自动给纸机的分类

按自动化程度不同，可将给纸系统分为手工给纸和自动给纸两种形式。现在高速印刷机都采用自动给纸机，一般由分纸机构、纸台升降机构、纸张输送机构、气路系统和自动检测机构组成。

按纸张的分离形式不同自动给纸机可分为摩擦式自动给纸机和气动式自动给纸机。

摩擦式自动给纸机是依靠摩擦力实现分纸与送纸的自动给纸机，其主要组成为分纸摩擦轮、导纸辊和导纸轮。气动式自动给纸机是依靠吸气实现分纸与送纸的自动式给纸。根据纸张的输送形式不同，气动式自动给纸机可分为间隔式和连续式两种。在一次印刷过程中，两种输纸方式的输送距离（见图2-1-2）为：

间隔式：$S_1=L+a_1$

连续式：$S_2=L-a_2$

纸张输送的平均速度应为：

间隔式：$v_1=S_1/t_1$

连续式：$v_2=S_2/t_2$

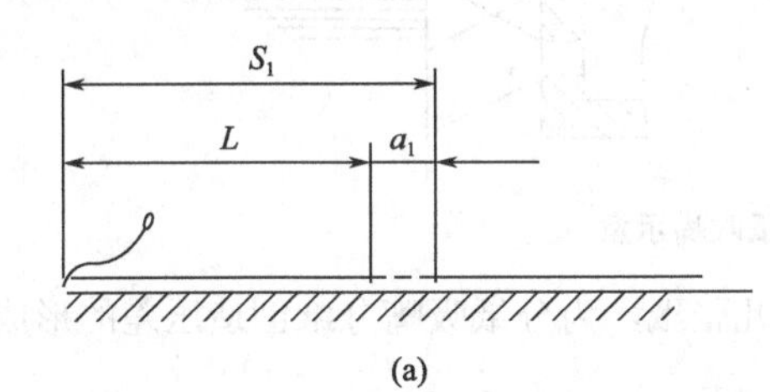

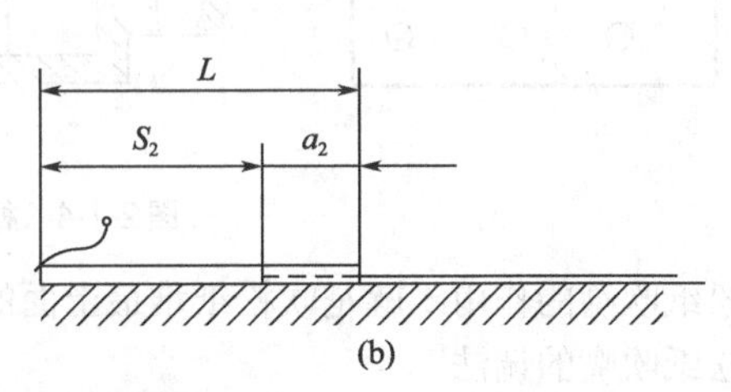

图2-1-2　纸张输送距离示意图

项目一　纸张分离部件

任务一　精通分纸机构的原理与结构

1.分纸机构的作用及组成

（1）作用　分纸机构就是把纸张一张张地分开。

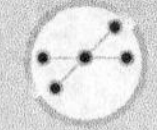

（2）组成　分纸机构由松纸吹嘴、压纸吹嘴、分纸吸嘴和毛刷、压块等组成。如图2-1-3所示。

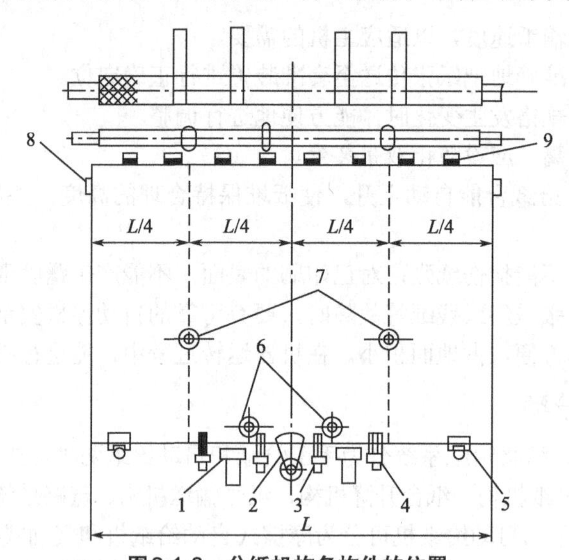

图2-1-3　分纸机构各构件的位置

1—松纸吹嘴；2—压纸吹嘴；3—斜毛刷；4—平毛刷；5—后挡纸板；6—分纸吸嘴；7—送纸吸嘴；8—侧挡纸板；9—前挡纸板

2.主要构件的作用及原理

（1）松纸吹嘴（见图2-1-4）

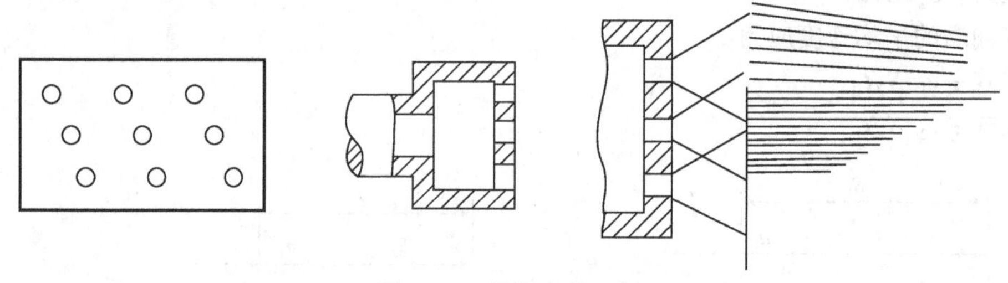

图2-1-4　松纸吹嘴示意

① 松纸吹嘴的作用　就是吹松纸堆最上面的几张纸，为分纸吸嘴分纸创造压差的形成条件。

② 松纸吹嘴的调法

a.一般要求能将纸堆表层5～10张纸张吹松为宜。

b.松纸吹嘴的高低调法：到吹嘴中线与纸堆上表面平齐；通过螺纹调整高低。

c.松纸吹嘴的前后调法：距离纸堆5～7mm；通过飞达前后调整。

③ 松纸吹嘴的调节原则

a.其位置不能高于最上面的纸张，否则就会破坏压差的形成条件。

b.位置不能太低，如太低的话，由于纸本身的重量比较大，气很难进去，同样对压差形成不利。

c.吹嘴的上部应略低于纸张的后边缘，只向上面的几张纸吹气。

d.吹气量应严格控制。吹气量太大，纸张的后边缘可能会被吹起来，结果给压脚下压带来困难，再一个由于纸张不断减少，在纸堆还没有自动上升时，吹嘴的风有可能吹在最上面的纸上，破坏了压差的形成条件。气量的大小调节以分级吸嘴能吸起纸为原则，即在后边缘具备了压差的形成条件，纸张的中前部的吹风以压脚的吹风为主。吹嘴如能吹松距后边缘5cm之间的纸就足够了。

（2）压纸吹嘴　压纸吹嘴具有压纸、吹风、检测纸堆高度三大功能。如图2-1-5所示。

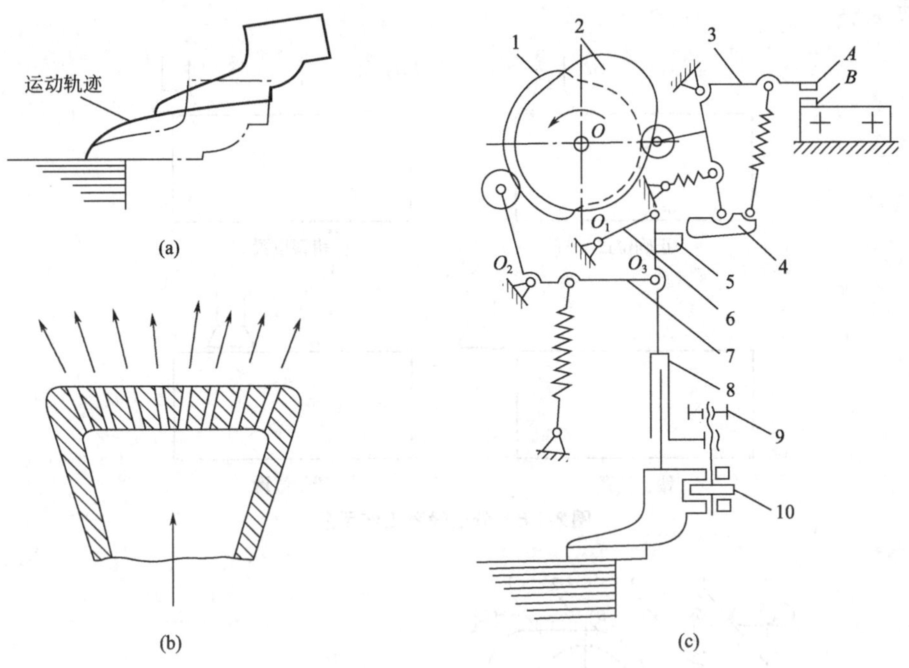

图2-1-5　压纸吹嘴结构示意

1—探纸凸轮；2—摆动凸轮；3,6,7—摆杆；4—探块；5—挡块；8—连杆；9—紧固螺钉；10—调节螺钉

① 压纸吹嘴的作用

a.压住分纸吸嘴吸起的那张纸下面的纸张，防止下面的纸张歪斜或双张。

b.控制纸堆的高度。由于印刷时纸堆上的纸一张一张地减少，后续的纸张如不及时补上，则印刷不能连续进行。因此必须使纸堆始终维持在一定的高度。理想情况应当是走一张纸，纸堆就升高相当于一张纸厚度，但是由于纸张比较薄，检测的灵敏度需要非常高才行，实际上也无必要。正常情况下纸堆总是近似维持在固定的高度上，不过纸张厚度变化时，纸堆的高度应做出相应调整（通过调压脚的高度来进行）。

c.为压差形成创造条件。压脚板上带有吹风孔，压在纸堆上后，向第一张纸的下面吹气，从而加大压差。

d.安全作用。一旦纸堆电机失灵，压脚会触动限位开关，阻止纸堆继续上升。

② 压纸吹嘴的调法

a.压脚的左右调法：左右居中。

b.压脚的前后调法：有效地压住纸堆上面的纸张，一般压纸张位置为10mm；通过飞达前后位置来调整。

c.压脚的高低调法：厚纸张距离纸挡板块为5mm左右为宜；薄纸张距离纸挡板块为10mm左右为宜；通过飞达高低位置或压脚杆的长度来调节高低位置。

③ 压纸吹嘴的调节原则

a.压住纸张的后边缘，不能和纸张成交叉状态。

b.向纸张的间隙内（上、下两张纸之间）均匀吹气，气量不能过大，过大容易造成纸张的前口不平，过小压差形成困难，所以要调到刚好能在上、下两张纸之间形成气垫为止。

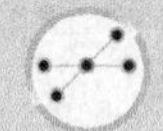

（3）分纸吸嘴

① 分纸吸嘴的作用　就是吸起纸堆最上面一张纸，并把它传给递纸吸嘴。如图2-1-6、图2-1-7所示。

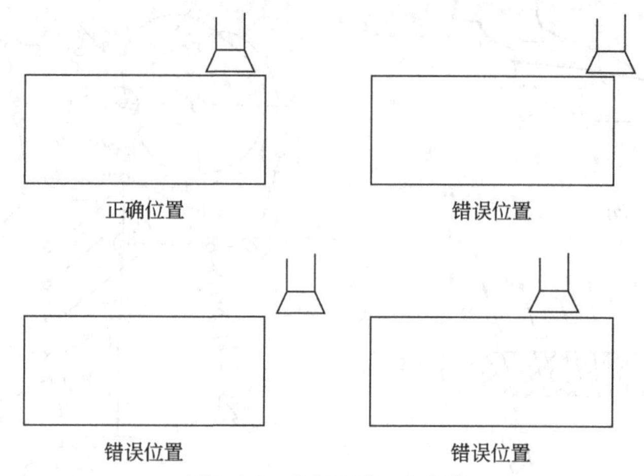

图2-1-6　分纸吸嘴工作示意

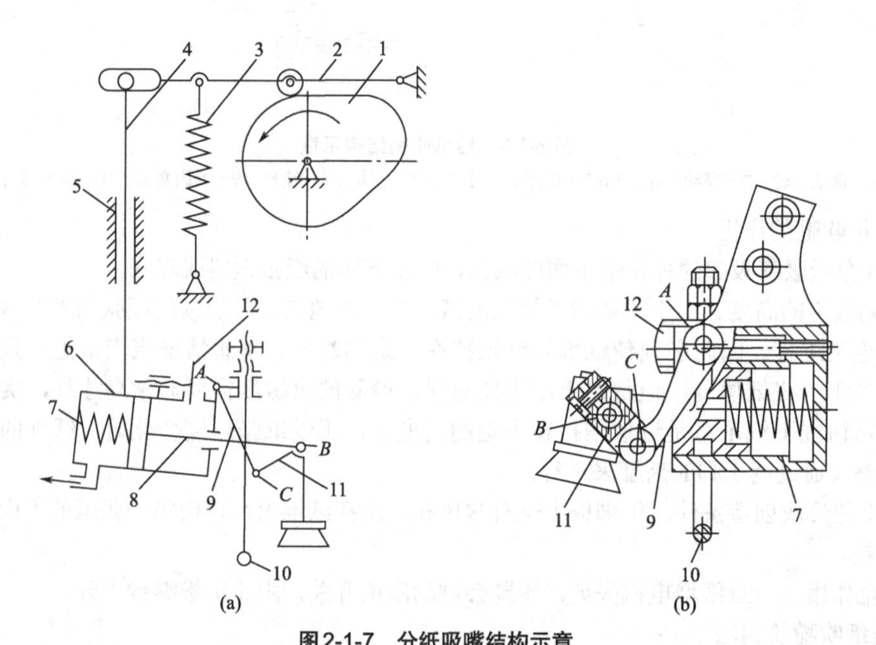

图2-1-7　分纸吸嘴结构示意

1—分纸凸轮；2,9—摆杆；3—拉簧；4—导杆；5—导槽；6—气缸；7—弹簧；8—活塞杆；10—压纸杆；11—连杆；12—调节螺钉

② 分纸吸嘴的调节

a.分离厚纸张时，距离纸张表面为2～3mm；分离薄纸张时，距离纸张表面为6～8mm。

b.分纸吸嘴前后距离：分离厚纸张时，吸嘴橡胶圈的外圈距纸张边缘约4mm；分离薄纸张时，吸嘴橡胶圈的外圈距纸张边缘约7mm。

c.分纸吸嘴高低距离的操作：通常纸堆上采用插楔子或拧动调节螺钉整体上下移动分纸器的办法实现。

d.分纸吸嘴的风量调法：仅能吸起第一张纸张为宜。采用风阀调整。

③ 分纸吸嘴的调节原则

a.每次只能吸起一张纸，不能吸起两张纸，这样就把双张或多张故障消灭在输纸台上。

b.吸嘴要吸纸张的后边缘内，不能和纸张成交叉状态。

c.针对不同的纸张，吸嘴的前后和左右的角度都能够进行调节（平面内任意角度）。

（4）压片或毛刷

① 压片或毛刷的作用

a.防止第二张纸的纸尾被吹嘴吹得太高，使压脚不能准确地压住第二张纸。

b.防止双张或多张。

② 压片或毛刷的调法

a.一种是斜挡纸毛刷，当松纸吹嘴吹风时，被吹松的纸张由毛刷支撑，使之保持吹松状态，调节时该毛刷伸进纸堆3～5mm。

b.另一种是平挡纸毛刷，主要作用是刷掉被分纸吸嘴吸起的多余纸张，避免多张或双张出现。调节位置：伸进纸堆6～10mm；高出纸堆表面2～5mm。

③ 压片或毛刷调节原则

a.位置不能往纸里边太多，否则会给分纸吸嘴带来很大困难。

b.位置不能太往外。由于纸张本身裁切误差或闯纸技术等原因有可能造成纸堆后边缘不齐平，若压片位置太往外，则有的纸能压下，有的纸就可能压不上了。

c.位置不能太低，如果太低，纸张的后边缘被压住，后吹嘴吹风困难。

d.位置不能太高，太高起不到分纸、防双张的作用。

e.在调节时，只能取上述四点的中间状态。厚纸少压，薄纸多压；纸张后边整齐少压，不整齐多压。

3.其他构件的作用及原理

（1）侧吹嘴

① 侧吹嘴的作用　主要是吹松纸张上压脚吹不到的部位。侧吹嘴一般装在纸堆的前边角。

② 侧吹嘴的调节

a.一般要求能将纸堆表层5～10张纸吹松为宜。

b.松纸吹嘴的高低调节：到吹嘴中线与纸堆上表面平齐，通过螺纹调整高低。

c.松纸吹嘴的前后调节：距离纸堆1mm左右，通过边杆前后调整。

③ 侧吹嘴的调节原则

a.其位置不能高于最上面的纸张，否则会破坏压差的形成条件。

b.位置不能太低，如太低的话，由于纸本身的重量比较大，气很难进去，同样对压差形成不利。

c.吹嘴的上部应略低于纸张的后边缘，只向上面的几张纸吹气。

d.吹气量应严格控制。吹气量太大，纸张的后边缘可能会被吹起来，结果给压脚下压带来困难，再一个由于纸张不断减少，在纸堆还没有自动上升时，吹嘴的风有可能吹在最上面的纸上，破坏压差的形成条件。气量的大小调节以分级吸嘴能吸起纸为原则，即在后边缘具备了压差的形成条件，纸张的中前部的吹风以压脚的吹风为主。吹嘴如能吹松距后边缘5cm之间的纸就足够了。

（2）压块

① 压块的作用

a.主要是压住纸张的后边角，防止由于吹风造成的纸张漂浮。

b.同时也能够阻止纸张之间的空气外流，有利于压差的形成。

② 压块的调法　距离纸堆边缘1mm左右。

③ 压块的调节原则

a.靠近两角，因为主要用它来防止两角离开原来的位置，另外可使纸张能均匀升起。

b.压块的重量适当。不能太轻，太轻起不到压纸的作用；太重可能把纸压得太紧，破坏了压差的形成条件，根据具体情况可以更换。

（3）挡纸舌

① 挡纸舌的作用　防止纸堆最上面的几张纸漂移，以免纸张前口不平，破坏纸张的自由状态。挡纸舌装在纸堆的前口。

② 挡纸舌的调法　印刷厚纸时，纸堆前沿低于前挡纸舌顶部5mm左右；印刷薄纸时，纸堆前沿低于前挡纸舌顶部8～10mm。

任务二　掌握递纸机构的结构及原理

1.递纸机构的作用及组成（见图2-1-8）

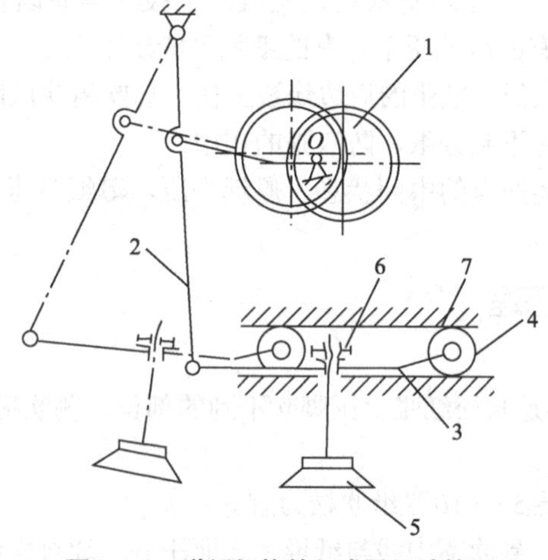

图2-1-8　递纸机构的组成及运动简图

1—偏心轮；2—摆杆；3—连杆；4—滚子；5—递纸吸嘴；6—调节螺母；7—导轨

（1）递纸机构的作用　递纸机构就是把分纸机构分开的纸张送给接纸机构。

（2）递纸机构的组成　递纸机构主要由递纸吸嘴和前挡纸板组成。

（3）递纸循环　递纸吸嘴吸纸并上升→挡纸牙让纸→分纸吸嘴停吸→递纸吸嘴递纸→压纸吹嘴停吹→挡纸牙复位→接纸轮接纸→递纸吸嘴停吸放纸→递纸吹嘴返回→循环。

（4）递纸要求

① 两吸嘴同时吸纸，两边等速递纸，递纸不歪斜。

② 递纸速度等于或稍大于接纸辊线速度，两者交接时不抢纸。

③ 递纸吸嘴与接纸轮要存在共同控纸时间，纸不能失控。

④ 挡纸舌不阻挡所递纸张。

2.递纸吸嘴

（1）递纸吸嘴的作用　就是把分纸吸嘴吸起的纸张转交给输纸板上的接纸辊。

（2）递纸吸嘴的调法

① 递纸吸嘴前后位置调法：以所送纸张咬口通过接纸辊和导纸轮为宜。

② 递纸吸嘴左右位置调法：左右递纸吸嘴应分别距纸张两侧四分之一为宜。

③ 递纸吸嘴高低位置调法：以返回时不触及纸张为宜。

（3）递纸吸嘴的调节原则

① 每次只能吸起一张纸，不能吸起两张纸，这样就把双张或多张故障消灭在输纸台上。

② 吸嘴要吸纸张的后边缘内，不能和纸张成交叉状态。

③ 针对不同的纸张，吸嘴的前后和左右的角度都能够进行调节（平面内任意角度）。

3.前挡纸板（见图2-1-9）

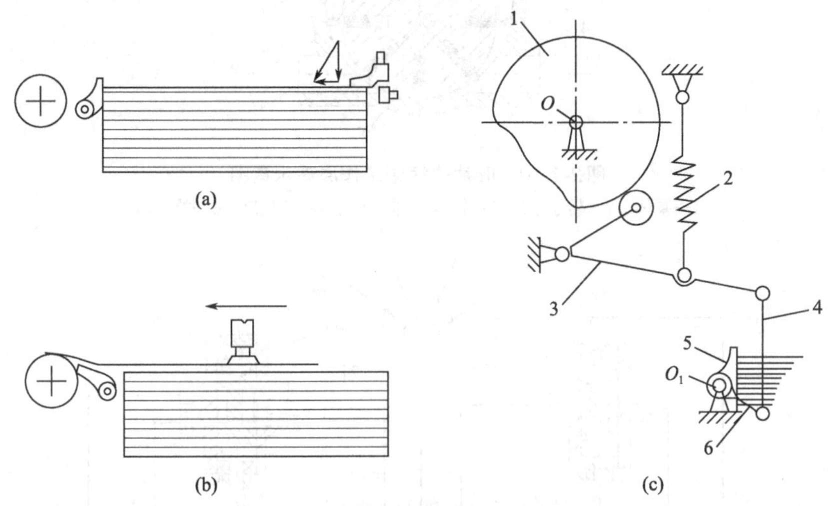

图2-1-9 前挡纸板的位置及运动简图

1—凸轮；2—拉簧；3,5—摆杆；4—连杆；6—前挡纸板

（1）前挡纸板的作用：防止纸堆最上面的几张纸漂移，以免纸张前口不平，破坏纸张的自由状态。装在纸堆的前口。

（2）挡纸舌的调法：印刷厚纸时，纸堆前沿低于前挡纸舌顶部5mm左右；印刷薄纸时，纸堆前沿低于前挡纸舌顶部8～10mm。

任务三 熟悉气路系统

现代单张纸印刷机都有气路系统，随着技术的进步，气动的范围越来越广。其主要作用是为输纸装置提供吸气和吹气气源，配合分纸机构分离纸张和递纸机构传递纸张；并为收纸装置的减速机构提供吹气和吸气气源，配合收纸装置收纸。

1.叶片式气泵工作原理

叶片式气泵主要由泵体1、转子2、叶片3组成；转子偏心配置在泵体内，与泵体内壁形成月牙形空间，且转子上开有若干条径向槽，在槽内装有叶片，如图2-1-10所示。具体工作过程如下：补气口在进气口进气量不足时，从大气中进气，保证气泵有足够的吹气量，排气口与吹气气路接通，当转子转动后，某一气室的容积开始逐渐增大，真空度随之逐渐升高，气室转到与进气口相通时，经过滤清的气流由进气口被带入气室，使吸气气路产生吸气，直到气室转过进气口。随着转子的旋转，该气室的容积继续增大，气室内的真空度继续升高，气室转过与补气口相通时，经过滤清的气流由补气口补充到空气中，使气室内的气压升到与外界气压相平衡，当气室转过补气口以后，气室内容积开始逐渐减少，气室中的气体被逐渐压缩，直到气室转到与排气口相通时，压缩空气由排气口排出，使吹气气路产生吹气。如图2-1-11所示。

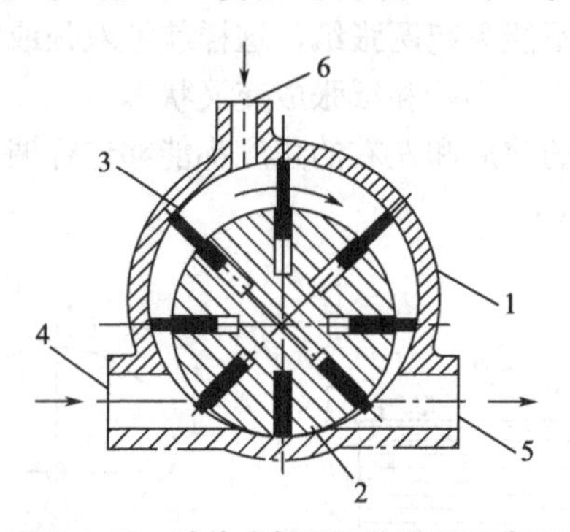

图2-1-10　叶片式气泵工作原理示意图

1—泵体；2—转子；3—叶片；4—进气口；5—排气口；6—补气口

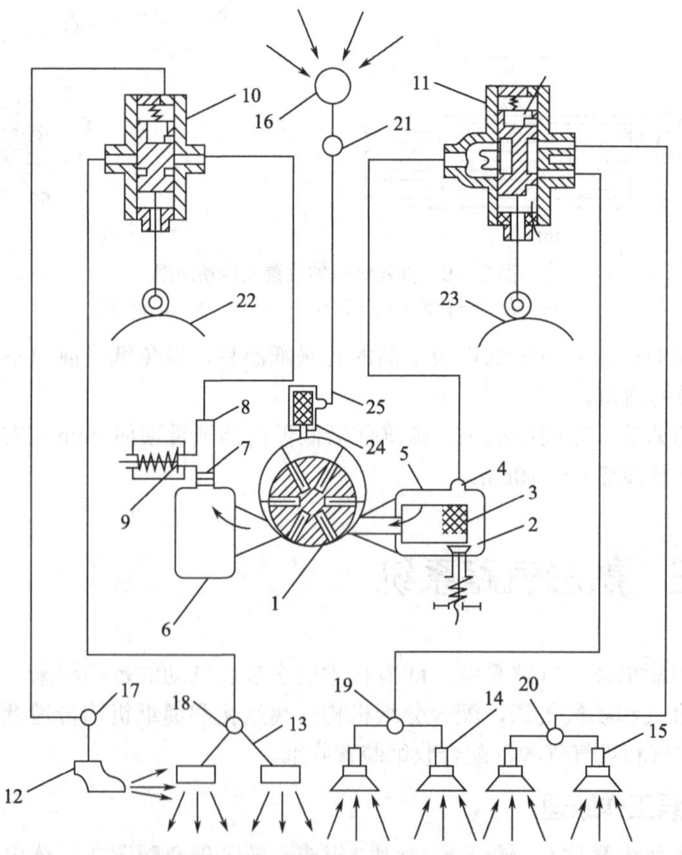

图2-1-11　叶片式气泵气路系统示意图

1—叶片式气泵；2,9—气压调节阀；3—空气滤清器；4—吸气管；5—进气室；6—排气室；7—滤油器；8—吸气管；10,11—气体分配阀；12—压纸吹嘴；13—松纸吹嘴；14—分纸吸嘴；15—送纸吸嘴；16—收纸减速器；17～21—气量调节阀；22,23—凸轮；24—补气室；25—吸气管

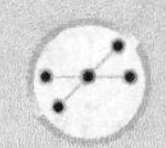

2.旋转式气体分配阀

旋转式气体分配阀如图2-1-12所示。

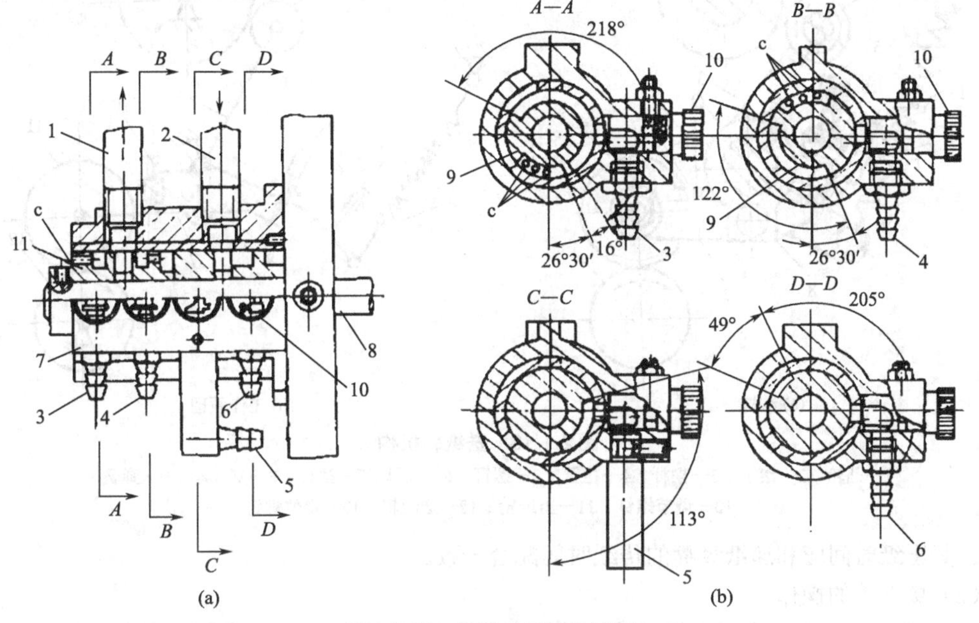

图2-1-12 旋转式气体分配阀

1～6—导管；7—阀体；8—分纸轴；9—吸气阀芯；10—气量调节阀；11—补气孔

项目二 纸张输送部件

纸张的输送部件主要由接纸机构和输纸机构组成。

任务一 掌握接纸机构的结构与原理

1.接纸机构的作用及组成

（1）作用 把递纸机构送来的纸张转送给输纸机构。

（2）组成

① 接纸辊又称送纸辊或导纸辊，连续转动。

② 接纸轮又称送纸轮或导纸轮，上下摆动，有两个。如图2-1-13所示。

2.接纸机构的工作循环

接纸轮上抬→纸送过接纸辊→接纸轮下压接纸→递纸嘴放纸→纸送入输纸机构→循环。

3.接纸轮（也叫递纸轮）

（1）接纸轮的作用 主要是把递纸吸嘴传过来的纸张导入输纸板，使纸张和接纸辊可靠地

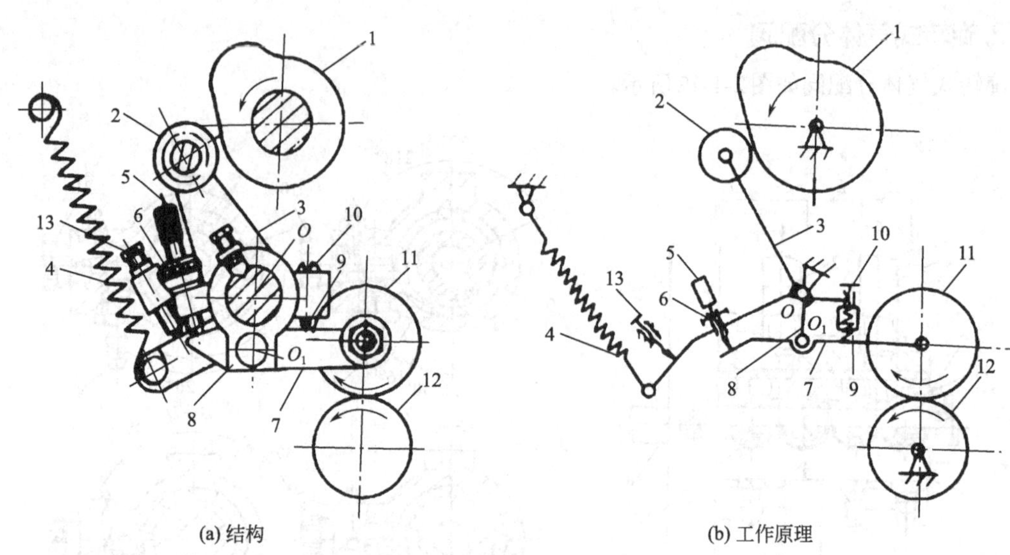

图2-1-13　送纸轮机构

1—凸轮；2—滚子；3—摆杆；4—拉簧；5—螺钉；6—螺母；7—摆杆；8—支撑座；9—弹簧；10—调节螺钉；11—压纸轮；12—送纸辊；13—定位螺钉

接触。其压纸时间应和递纸吸嘴的传纸时间配合一致。

（2）接纸轮的操作

① 一般印刷机器上有两个接纸轮，有的还是前后两对接纸轮。注意两边压力一致。

② 接纸辊上面的接纸轮和输纸布带上面的压纸轮之间的最佳配合纸张在输纸板上面应始终处于受控状态。

③ 如果不受控，则定位关系就会被破坏。因此接纸辊上面的压纸轮在抬起之前，应把纸张交给输纸布带上面均压纸轮。

④ 为了保证纸张准确进入输纸布带上的压纸轮，在输纸板上这段部位装了一些挡纸杆。挡纸杆的作用就是把纸张的前部向下压，使其在进入输纸布带上的压纸轮之前就已基本上和输纸布靠在一起，这样可保证交接过程的顺利进行。挡纸杆的另一个作用就是纸张的整平作用（这些部件对第一张纸的影响最大）。

（3）接纸轮调节　调节时，必须使两递纸轮同时接触皮带驱动轴，并且使两轮的压力一样大。

4.接纸辊

（1）接纸辊的作用　主要是把递纸吸嘴传过来的纸张导入输纸板。

（2）接纸辊的操作

① 接纸辊是传送飞达送过来的纸张用的。理想的状态应是两边同时接纸，同时放纸，而且两轮的位置应对称分布。

② 如不符合要求，可通过其上面的靠塞螺钉调接纸时间，其压力大小可通过其上面的顶丝来调节。

③ 接纸辊的另外一个功能就是带动输纸布带运转，因而要求其接触面的粗糙度比较高，且输纸布带的张紧力要合适。

④ 接纸辊上的横向纹路起着增大摩擦的作用，这样才能防止布带和接纸辊之间产生相对滑动。

⑤ 接纸辊表面比较粗糙，主要是增大摩擦用的，因为要通过它带动输纸皮带的运动。

任务二 精通传送带式纸张输送部件的结构

1.传送带式纸张输送部件的作用及组成

（1）作用 把接纸机构送来的纸张准确地输送给定位机构。

（2）组成 传送带式输纸部件主要由输纸板、输纸皮带、压纸轮、毛刷轮和压纸框架等组成。如图2-1-14、图2-1-15所示。

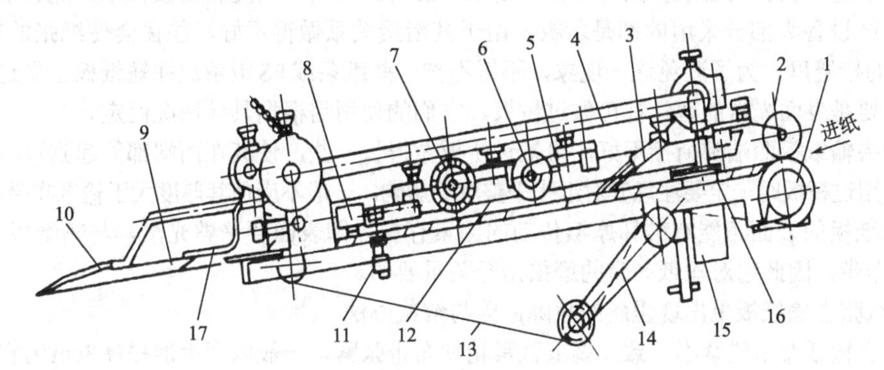

图2-1-14 SZ206型输纸机输纸机构（侧视图）

注：图中1～11注释见图2-1-15。

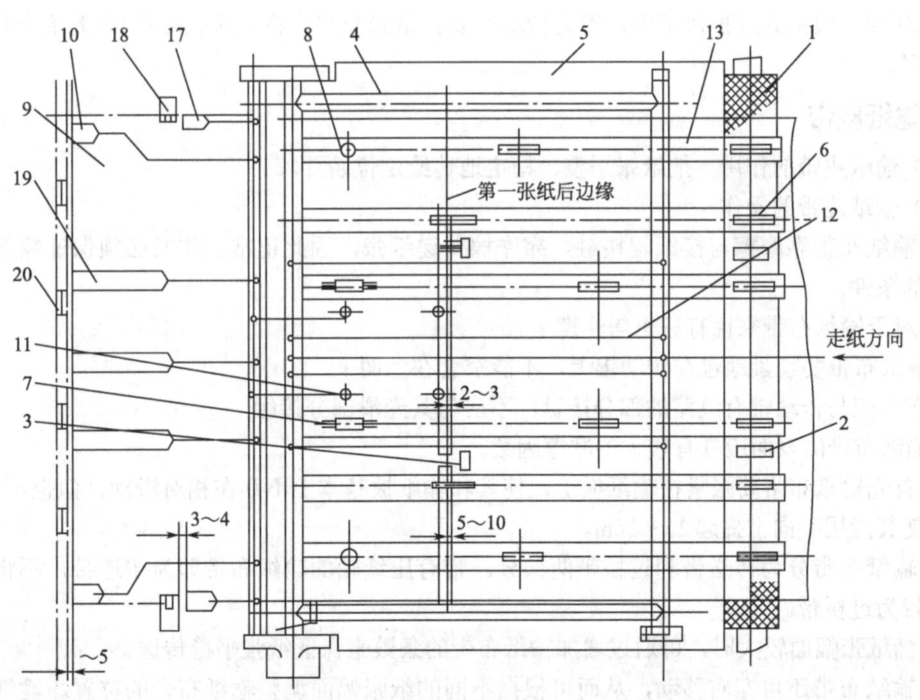

图2-1-15 SZ206型输纸机输纸机构（俯视图）

1—送纸辊；2—压纸轮；3—压纸毛刷；4—压纸框架；5—输纸板；6—压制滚轮；7—压纸毛刷轮；8—压纸球；9—递纸牙台；10—压纸片；11—吸气嘴；12—杆；13—传送带；14—张紧臂；15—阀体；16—卡板；17—侧规压纸片；18—侧规拉板；19—前压纸片；20—前规

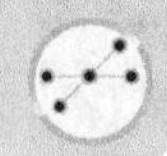

2.输纸板

（1）输纸板的作用

① 把纸张平整、稳定地传给定位装置。

② 输纸板主要起到平整纸张的作用。

③ 支撑布带传送纸张。

④ 可以用来消除静电，国外设备一般都选用钢质材料的输纸板与此有一定的关系。

（2）输纸板的操作

① 目前进口设备的输纸板大部分都采用钢制的，因而其平整度和衔接关系都能够准确保证。

② 国产设备大部分采用的都是木板，由于其衔接关系做得不好，往往会使纸张的前边口钻到输纸板的接缝里。为了避免这一现象，不得不把一些纸条或PS版条放在输纸板上做过桥用。

③ 只要是表面光滑的薄片都可做过桥板，它们的使用需根据具体情况而定。

④ 如果输纸板两端都衔接不好，可把过桥板做得长一些，使其在两端都能起到过桥的作用。

⑤ 使用过桥板时一定要注意其对纸张平整度的影响，一般不应使其厚度大于输纸布带的厚度。

⑥ 输纸板的表面不能有破坏摩擦传动的因素存在，即表面要平整光滑。与输纸板直接接触的是输纸布带，因此它对输纸布带的磨损是至关重要的。

（3）纸张在输纸板上出现歪斜的故障原因与解决办法

① 左右输纸布带松紧不一致。调节张紧轮使布带张紧，一般以用手能提高3cm为宜。

② 左右压纸轮的压力不一致。调节其压簧上面的螺钉。

③ 输纸布带取跑偏。调节输纸板下面滑轮的左右位置。

④ 纸张一边钻到过桥板下面。首先闯纸时要把纸张整平。在过桥板处用PS板条或铜版纸条做过桥用。

3.输纸皮带

（1）输纸皮带的作用　把纸张平整、稳定地传给定位装置。

（2）输纸皮带的操作

① 输纸布带靠摩擦与接纸辊接触，靠摩擦传递纸张，因此正常工作时必须保证输纸布带产生摩擦的条件。

② 对于输纸布带来说有三点需注意：

a.输纸布带要紧紧地包在传动辊上，不能空套在上面；

b.布带应与传动辊有纹路的部分接触，不应与其光滑部分接触；

c.输纸布带的表面应具有较大的摩擦因数。

③ 首先输纸布带要张紧在输纸板上，使其和输纸板基本上不存在相对滑动，但也不能太紧，一般应使其能用手向上提起2～3cm。

④ 输纸布带分为传送带和过桥带两部分，带有压纸轮的输纸布带即为传送带，不带有压纸轮的布带为过桥带。

⑤ 当纸张幅面较大时，可通过增加输纸布带的条数来保证纸张平稳传送。

⑥ 输纸布带还可左右移动，从而可根据不同的纸张幅面调整输纸布带的位置。输纸布带中间的连接口应布置准确。

⑦ 输纸皮带的厚度要均匀一致，这样可使其表面的线速度一致。皮带不宜过松，否则会在输纸板上滑动；也不宜过紧，否则皮带磨损太快。安装好后在纸板中间应以能用手提起3cm为宜。

（3）海德堡CD102系列输纸带松紧度的调节（见图2-1-16、图2-1-17）

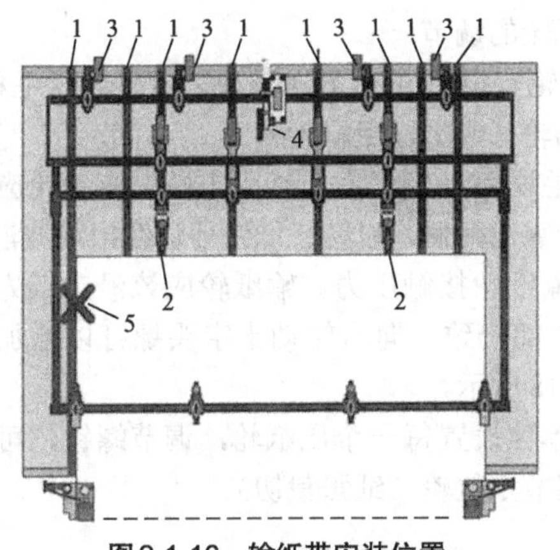

图2-1-16　输纸带安装位置

1—输纸带；2—输纸辊；3—递纸辊；
4—双张检测器；5—纸张边缘

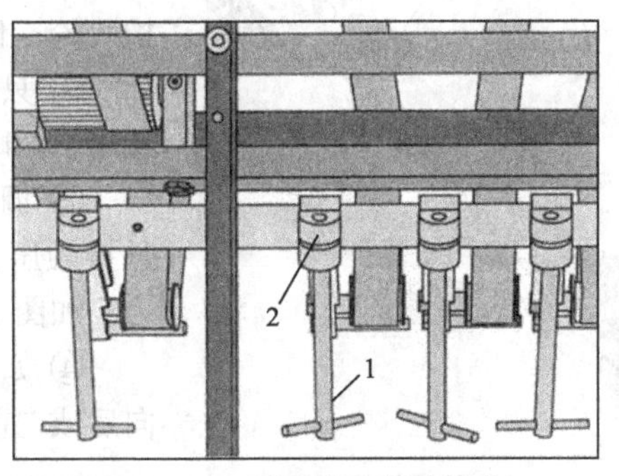

图2-1-17　输纸带松紧度调节

1—虎钳丝杠；2—导纸杆

a.松开输纸台板下方的虎钳丝杠。

b.稍稍张紧皮带，重新定位导纸杆。

c.机器在3000r/h的速度下运行，等待至皮带对齐。停止机器。

d.使用虎钳丝杠调节皮带松紧度。皮带可以在台板中央升高大约20mm。

e.提示：不要将皮带张得过紧，否则皮带会磨损得很快。当张紧皮带时，台板应处于工作位置。

f.台板升高时不要调节皮带松紧度，否则同样会造成皮带过紧而加快从动轴的磨损。

g.现在许多机器利用吸气带输纸板，例如，曼罗兰700型胶印机气输纸带上还有歪斜印张修正功能，吸气大小的调节在操作侧输纸板旁，气量的大小是根据纸张厚薄来调节的。

（4）输纸布带没有处于对称状态的故障原因与解决办法

① 左右的布带数量不一致：将少的一边补装上。

② 左右的布带松紧不一致：调节输纸板下面的张紧轮。

③ 左右的布带厚度不一致：更换布带。

4.压纸轮

（1）压纸轮的作用　就是使纸张与输纸布带之间可靠地接触，产生足够的摩擦，使纸张向前运动。

（2）压纸轮的操作

① 压纸轮的作用就是把纸张准确地从接纸辊传送给定位装置，因而对其在输纸板上的布置有特别的要求，即必须始终保持纸张处于受约束状态。

② 一般输纸板上都有三排压纸轮：一排是和接纸辊上面的压纸轮之间进行配合，由于此衔接不因纸张幅面的变化而变化，所以通常压纸轮一旦调好就不再变动；另一排是保证纸张可靠地传给规矩部分，但又不能影响纸张的定位，所以一般都把它放在距纸尾1cm的位置；最后一排放在前面两压纸轮的中间，起中间传纸的作用。

③ 压纸轮调节的好坏直接影响到纸张表面的平整度，往往有时会使印品起毛，这一点在调节时尤其要注意（可使压纸轮略往外斜，呈喇叭形）。

④ 在压纸轮的调节过程中有两点必须注意：一是对称原则：二是纸张之间的衔接关系，即要考虑输纸步距。接纸辊上的压轮离开输纸板台，输纸板上的压纸轮应该压在纸张上。

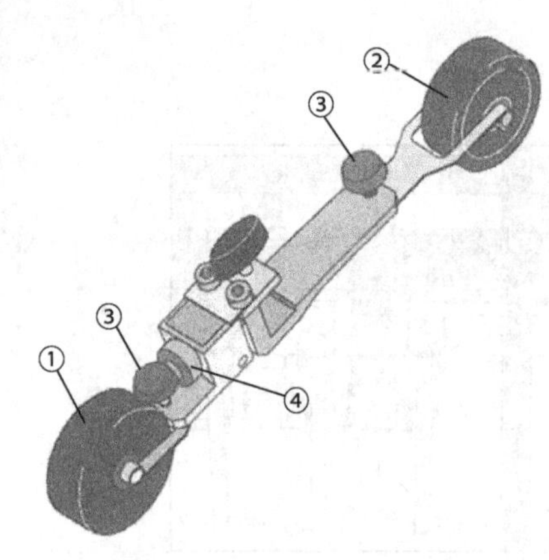

图2-1-18　输纸轮接触压力调节
1, 2—输纸轮；3—十字头螺钉；4—调整螺钉

(3) 压纸轮的调节

① 输纸轮有以下几种不同类型：定位轮、毛刷滚轮、橡胶轮、传动轮（进纸面毛刷轮）。

② 只有毛刷可以轻轻靠在纸张末端，驱动轮应压在输纸带上，略微靠向两侧，以防止纸张前边缘出现波浪状。

③ 调节输纸轮接触压力。输纸轮应该沿走纸方向运行且接触压力全部一致。向右转动十字头螺钉以增加接触压力。如图2-1-18所示。

④ 如果单独设置每一个压纸轮，调节螺钉，可以分别向后或向前调节定位轮（纸张裁切）。

5. 毛刷轮

（1）毛刷轮的作用　主要是防止纸张在定位后回弹，因此一般都将其放在纸张尾部（或后半部分）。

（2）毛刷轮的操作

① 毛刷轮是用来防止纸张在定位过程中回张用的，因此它们一般也都放在纸张的尾部，印厚纸时一定用，印薄纸有时不用。

② 毛刷轮与纸张之间的压力要调节准确，以免其与纸张表面形成较大的摩擦力，影响定位精度。

③ 毛刷轮中心位置刚好对齐纸张尾部边缘。

④ 印刷厚纸时，压力加大；印刷薄纸时，压力调轻，刚好压住。

⑤ 毛轮工作时，要一停一顿进行。

6. 压纸框架

（1）压纸框架的作用

① 使纸张表面平整地靠在输纸板上。

② 把纸张平整、稳定地传给定位装置。

③ 主要起着支撑压纸轮等其他压纸或挡纸部件的作用。

（2）压纸框架的操作　压纸框架的位置一般设计好了，使用过程中不能调节。

（3）压纸框架上的压线部件不对称的故障原因与解决办法

① 压纸片的位置不一致：调节其上面的紧固螺钉。

② 压纸毛刷的位置不一致：调节其上面的紧固螺钉。

任务三　掌握气动式输纸机构

为了适应现在高速印刷市场的需求，气动式输纸应用越来越广泛。在这方面罗兰的技术比较领先，在ROLAND700/800/900均使用了真空吸气带式输纸机构。

1. 真空吸气带式减速纸张输送部件的工作原理

如图2-1-19所示为真空吸气带式输纸机构原理。在同样的一块矩形输纸台13上对称布置两根输送带10，其传动也同样是由驱动辊3通过摩擦力带动吸气带绕张紧轮7、8及传送带辊11经输纸平板上方转过。纸张到达输纸平板时，吸气带在真空吸气室9的作用下，吸住纸张，缓缓地送向前规，直至到达前规处静止定位。吸气带输纸台平面图见图2-1-20。

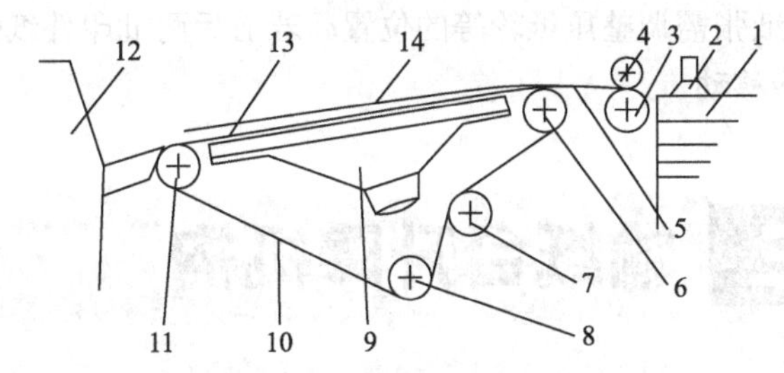

图2-1-19 真空吸气带式输纸机构原理

1—纸堆；2—吸嘴；3—驱动辊；4—压纸轮；5—过桥板；6—驱动辊；7,8—张紧轮；9—吸气室；10—输送带；11—传送带辊；12—印刷色组；13—输纸台；14—纸张

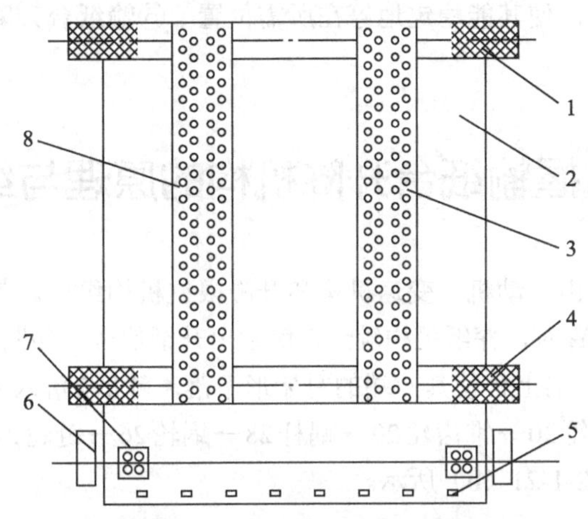

图2-1-20 吸气带输纸台平面图

1—驱动辊；2—输纸台；3—吸气带；4—传送带辊；5—吸气口；6—侧规；7—辅助吸气轮；8—吸气带孔

2.真空吸气带式输纸机构的调节

① 两根吸气带的张紧需均匀适度。吸气带与主动带轴间的摩擦力要能顺利地传递吸气带，不出现滑移。

② 吸气室的真空压大小要合适。可以通过吸气气压调节阀进行调节。若吸气室的真空压太小，吸气带吸住纸张进入前规；若吸气室的真空压太大，纸张表面易出现吸气带的痕迹，使背面的图文蹭脏，甚至使薄纸破损。

③ 为避免较大幅面的薄纸在输送时平整度不足，纸张在吸气带之外起皱，纸角翘曲抖动，目前，绝大部分的真空吸气带式减速输纸机构都在输纸台板上增加了2～4根输送线带，并在定位纸张的拖梢处均匀布置了数只毛刷轮，拖梢后沿5mm处布置数只压纸轮，其主要作用是控制整个幅面上纸张的平整度，并防止到达前规定位的纸张回弹和飘动。因此，压纸轮、毛刷轮与线带间的压力较小，只须稍稍地给纸张一个往前输送的趋势即可，对纸张及其表面的印迹无损。

④ 气泵和吸气气路要经常清洗。经常清洗能防止纸粉、纸毛堵塞气泵和气路，影响吸气送纸的效果。

⑤ 印刷不同厚度的纸张需校正吸气气压及压纸轮等。若前后两批印件的纸张厚度不同，则必

须调节气泵上的吸气气压阀，改变吸气室的真空压，使吸气带吸住纸张的力量合适。同时，各压纸轮、毛刷轮与线带的压力也要一一予以校正。

⑥ 印刷不同规格的纸张需调整压纸轮等的位置。若前后两批印件纸张规格不同，则压纸轮与毛刷轮的位置也要相应移动。

项目三 输纸台升降机构

现代单张纸高速印刷机输纸台升降机构应具备以下功能：①输纸台能快速升降，以缩短辅助工作时间；②输纸台能自动上升，以保证分纸器正常工作；③输纸台能手动升降，以备必要时使用；④输纸台能自锁，使其能稳定地停在所需位置；⑤输纸台升降机构能互锁，使三种升降动作不发生干涉。

任务一 掌握输纸台升降机构的原理与结构

输纸台升降机构主要由电动机、变速机构和升降限位机构组成。其传动原理如下：当输纸台纸堆高度降低到一定位置时，探纸机构触点接触发出升纸信号，如图2-1-21（a）所示。此时，电磁铁3吸合，扇形板4右端上台使其左端的月牙形下落，棘爪2落入棘轮1中，使棘轮1转动。这时和棘轮1同轴的锥齿轮30→锥齿轮29→蜗杆28→蜗轮26→链轮27转动，通过链条带动输纸台上升一定距离，如图2-1-21（b）所示。

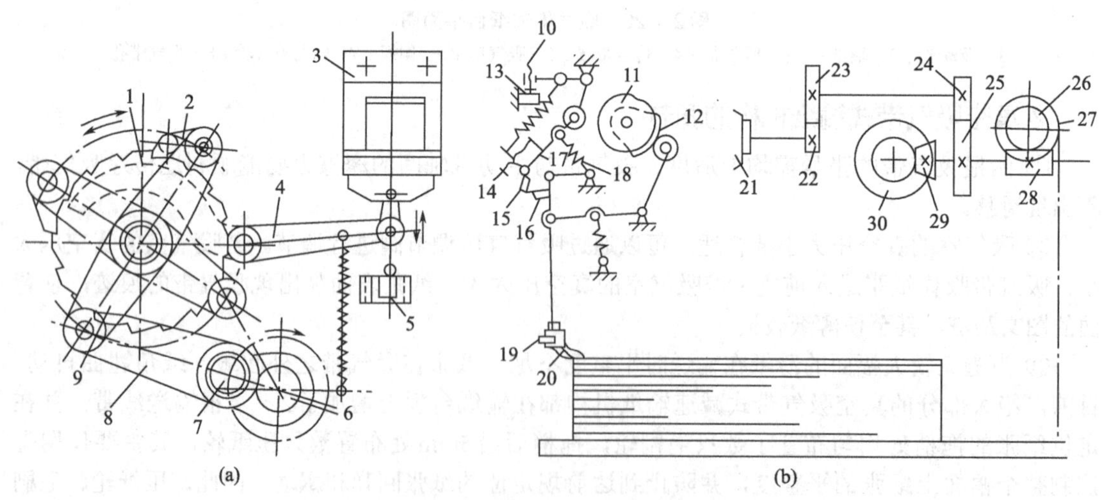

图2-1-21 输纸台自动升降机构

1—棘轮；2—棘爪；3—电磁铁；4—扇形板；5—限位开关；6—凸轮轴；7—曲柄；8—连杆；9,17—摆杆；10—触点；11—凸轮；12—探纸凸轮；13—触点开关；14—调节螺钉；15—探纸块；16—挡纸块；18—拉簧；19—调节螺母；20—压纸吹嘴；21—电动机；22～25—齿轮；26—蜗轮；27—链轮；28—蜗杆；29,30—锥齿轮

任务二 熟悉限位安全装置

输纸台上装好纸后，按“纸堆升”键，输纸台快速上升，当达到一定高度时，纸堆压动限位开关接触，输纸台停止上升。通过蜗轮蜗杆机构对电机进行减速以获得高降速比，并利用蜗轮蜗杆传动具有单向传动的特点以确保纸堆不会自动下降。

任务三 掌握不停机续纸机构的原理与结构

不停机更换纸堆机构使用两套独立的纸台升降机构来交替实现。如图2-1-22所示为不停机输纸机构。当主纸堆上纸张不多时，把插辊3插入纸堆台中的相应槽中，升高副堆纸架，并刚好让其拖住插辊，然后降下主纸堆台5进行换纸堆作业。先取出原纸堆台，然后把事先装好的纸堆推入主纸堆台位置。这时升高主纸堆让其接近副纸堆时抽出插辊，由主纸堆供纸印刷，完成换纸堆作业。

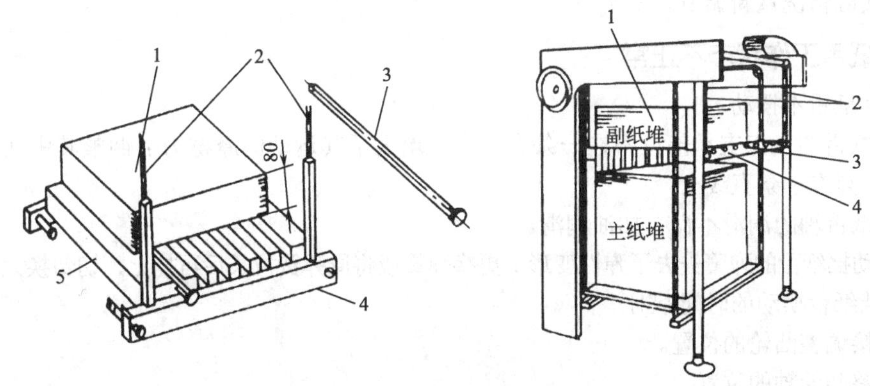

图2-1-22 不停机输纸机构

1—纸堆；2—副链条；3—插辊；4—插辊架；5—主纸堆台

项目四 故障检测部件

任务一 熟悉常见的输纸故障

1.输纸台上的纸堆出现故障

（1）纸堆表面不平

① 给纸台不平：调整其下面的四个螺钉，使其处于水平状态。

② 闯纸时间的不平：重新闯纸或在纸堆的适当部位插入木楔将纸堆垫平。

③ 翻面印刷时因纸角弯曲造成纸面不平：闯纸时要整平纸角。

（2）纸堆前边或侧边上下不齐

① 闯纸时闯得不齐：重新闯纸。

② 切纸时切得不齐：如果差别太大需重新裁切。

（3）上、下纸张粘在一起

① 纸张有静电：喷水增加湿度或安装除静电装置。

② 纸张个别部位形成负压：闯纸时未闯开，重新闯纸。

③ 因油墨未干而粘在一起：重新闯纸，使粘在一起的地方分开。

2.飞达没有处于对称状态

（1）飞达左右吸嘴工作状态不一致

① 吸嘴表面有脏物：用汽油或干布擦去，一般不得使用砂纸。

② 吸嘴吸风量大小不一致：检查其气路是否畅通，如不畅通，则用吹气管吹气或用汽油清洗；检查其橡胶垫的大小是否一致，不一致则更换。

（2）压脚不在机器的中线

将飞达所在的轴前端螺钉松开，调节其左右位置。

（3）压片、压刷和吹嘴的高低不一致

根据实际情况重新调节。

3.挡纸舌工作状态不正常

（1）挡纸舌不摆动

① 挡纸舌的三点支承部位不在一条直线上，增大了其运动的摩擦力：调整其中间部位的支承，使其三点在一条直线上。

② 挡纸舌轴的润滑不良：加油润滑。

③ 驱动挡纸舌的弹簧失去了弹性变形：更换弹簧或将原弹簧拉长后再挂上，切勿换大号弹簧。

（2）挡纸舌摆动的时间不对

① 直接调整凸轮的位置。

② 调整凸轮轴的位置。

③ 改变挡纸舌的位置，使其和递纸吸嘴配合准确。

4.纸张在纸堆上分不开

① 压脚压得太多，同分纸吸嘴之间形成相互干涉：减小压脚的压纸量。

② 吸嘴的吸力太小：增大吸气量或更换橡胶垫。

③ 吸嘴的位置太高：降低其高度，使其距纸面约5mm左右。

④ 吹嘴的吹力太小：吹嘴的气量不足或其上下位置不合适。

⑤ 粘张或静电：重新闯纸或安装除静电装置。

⑥ 压刷压得太低：使其升高到距纸面3～5mm。

5.空张或多张

① 压脚压得太少：增大其压纸量，一般约10mm。

② 吸嘴的吸力太大：减小其吸气量或使其升高一点。

③ 吹嘴的风力太大：减小其吹风量或使其高纸堆远一点。

④ 粘张或静电：重新闯纸或增加除静电装置。

⑤ 纸张裁切不齐：将差别太大的纸剔除。

6.歪张

① 纸堆左右高低不一致：用楔子垫平。

② 左右吸嘴上下运动不一致：拆下清洗后重新安装。

③ 左右吹风嘴高低不一致：调节吹嘴上面的螺母。

④ 左右压块的位置不合适：松开其上面的螺钉，使其左右位置对称，约距纸张后边口1mm。

任务二　掌握双张检测器的功能、结构和工作原理

1.双张检测器

（1）双张检测器的作用　检测每次输入的纸不能有两张或两张以上，控制输纸机停止输纸。

（2）双张检测器的工作原理　将纸张厚度转换成角度放大。

① 双张检测器下面最多有三张纸（正常状态下）。

② 当纸张厚度有变化时，双张检测器下面的纸张数也会有所变化。

③ 当纸张厚度增加时，下面的辊子逐渐升高，同上面的辊子接触，两者一接触，上面的辊子就会转动。辊子转动后，辊子上面的拨销也随之一起转动，从而推动微动开关，发出双张检测信号。

（3）双张检测器的操作

① 机器正常工作后，压纸轮已下压，这时通过双张检测器下面的纸最多。

② 这时调节双张控制器上面的螺钉使灯亮，然后在检测轮下面放入一张与待印厚度一样的纸张，调节双张控制器，使其灯刚好灭，记下转动螺钉的圈数，反调其圈数的一半即可。

（4）双张检测器的类型　可分为机械式和超声波式。机械式最为常用，结构简单，检测可靠，一般装在接纸辊或布带辊上。超声波式结构复杂，可靠性差，一般不单独使用，装在输纸台靠近牙台处。

2.机械双张检测器（见图2-1-23）

（1）双张检测（控制）器的调节　只有通过机械双张检测器的检测才能防止几张纸同时进入机器内，所以不管是否使用超声波双张检测器，机械双张检测器使用时都要打开。

如果几张纸同时进入机器内，纸张会将中间轮推向双张检测器上边的控制轮。输纸停止，机器印刷装置离压并以最低速度空转。

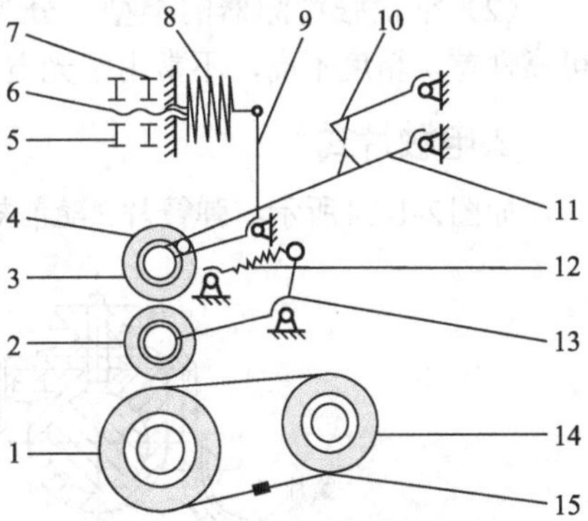

（2）机械双张检测器具体调节方法

① 让胶印机走纸。慢慢向左拧动螺母，直至输纸脱开。

② 将螺母再向右转动半圈，继续走纸。

③ 将一张纸条从辊子下经过。如果调节正确，输纸会停下来。机械双张检测器的中间辊是由弹簧控制离合的。如果弹簧压力过小，或导板安装不正确，具有黏性的印刷材料会提升辊子，不管是否有双张，输纸都会停止。

图2-1-23　机械双张检测器

1—线带轴；2—下滚轮；3—上滚轮；4—挡销；5—锁紧螺母；6—螺杆；7—调节螺母；8—撑簧；9—摆杆；10—静触点；11—动触点摆杆；12—拉簧；13—摆杆；14—从动轮；15—线带

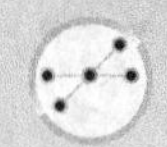

④ 根据承印物厚度调节导板和输纸台板的距离可松开螺钉。

3.超声波双张检测器

（1）超声波双张检测必须和机械双张检测器同时使用。否则，极有可能损坏纸张电眼检测系统和印刷单元。

（2）超声波靠介子传播能量，而纸张是由一定数量的介子所组成，因此超声波能够在纸张中传播。纸屑、灰尘等微小物质不会产生影响，所以超声波技术在胶印机双张检测电路中有一定的应用价值。

（3）超声波检测电路主要由发射电路、接收电路、同步电路、识别电路、执行电路组成。其工作原理是：检测纸张主要靠第一界面，电传感器（探头）向纸张内发射一个脉冲，称为始脉冲。当超声波在纸张中传播到达纸张底面时，由于纸张和空气的介质不同，第二界面声阻抗与第一界面差异很大，因此产生强烈的反射，称为底波（回波）。反射底波信号由接收电路接收，送到识别电路，算出始波和底波的时间间隔。当双张纸通过传感器时，由于纸张的介质相同，声波能够继续通过叠加后的第二张纸，在第二张纸的底面反射，延长了声波在纸张中的传播时间，识别电路立刻识别出时间的差异，再通过执行电路阻止双张纸的通过。

由于纸张厚度差别很大（0.08～2mm之间），识别电路的标记脉冲设置成可调。当单张纸采样时，利用延时电路使标记脉冲与第一张纸的底波重合，记住单张纸的底波位置，胶印机就能正常印刷，直到出现双张或多张，才会停车或作出相应的动作。

任务三 掌握空张检测器的功能、结构和工作原理

1.空歪张检测器

（1）空歪张检测器的作用 检测输纸过程中出现的空张、歪张、折角和破碎等故障，防止废品的产生。

（2）空歪张检测器的类型 分为电触片式和光电式。电触片式的电路简单，触点易损坏，可靠性差，精度不高，不常用；光电式的电路复杂，易堵塞，但工作可靠，应用广泛。

2.电触片式

如图2-1-24所示，弹簧片2随前规一起摆动，随机器接地。触点3接电源，通电时间由与触点

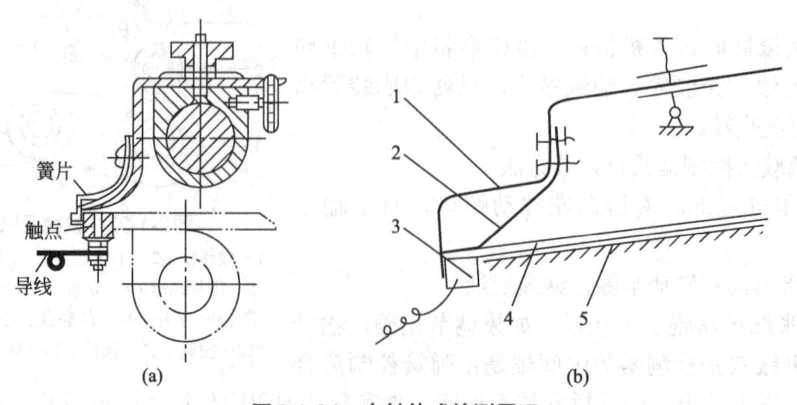

图2-1-24 电触片式检测原理

1—前规；2—弹簧片；3—触点；4—纸张；5—输纸台

3相连的磁开关控制。前规下摆挡纸时，弹簧片2靠向触点3，如正常输纸，则电路被纸断开不能接通，如没有纸张，则电路接通，然后通过电路控制印刷机产生输纸停等一系列动作。弹簧片有两个，左右各一个，当任一个检测到无纸时，即产生控制动作，从而实现歪张、空张检测。

因为纸在前规处定位只有一段时间，纸未到前规时是不能检测的，这就要求纸完全定位后才能进行检测，一般可以安排在侧规刚拉纸时检测。

3.光电式

光电式空歪张检测器，习惯上统称为电眼，其光源采用可见光或红外线，可见光因受外界光影响大，所以现在使用的较少。现在多用不可见光作为光源，纸张作为反射物，属于被检测对象。接收器一般为光敏元件，如光敏管。

发光二极管发射红外光投射到纸面后，反射到接收光电管上为正常印刷，当接收光电管接收不到光信号时，即发出控制信号机器产生输纸停等动作，如图2-1-25所示。电眼的位置可前后调节，以适应前规前后位置调节的需要，检测点应与纸到位位置相配合。

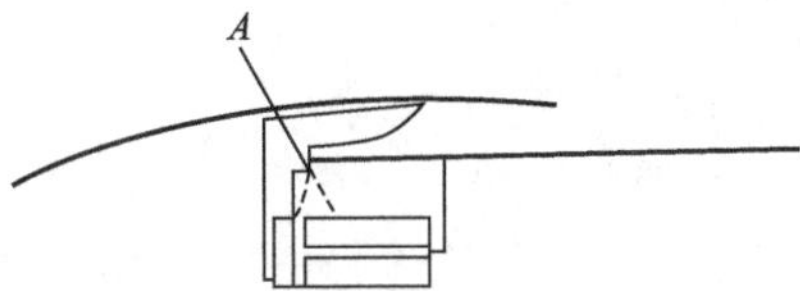

图2-1-25 光电式空歪张检测

电眼一般使用两个，对称分布，采用并联电路，只要一个检测到故障即控制机器产生动作，故可检测歪张。

4.安全杠

安全杠是胶印机防止意外操作事故的安全装置之一，它通常安装在印版滚筒与橡胶滚筒之间；输纸板前沿的前规处；压印平台与版台进纸入口处，起到保证设备和人身安全的作用。实际上，安全杠是一种障碍装置，如滚筒部位的安全杠，当它处于工作状态时，装、卸版或版面处理将受到障碍而难以进行，只有将安全杠改变一个角度后才能进行操作，而安全杠角度一改变，微动开关触点发生变化，机器操作台就不能直接点动和启动主机，确保操作上的安全，如图2-1-26所示。输纸部件的安全杠，可防止异物或多张通过压印装置，保护设备的安全。

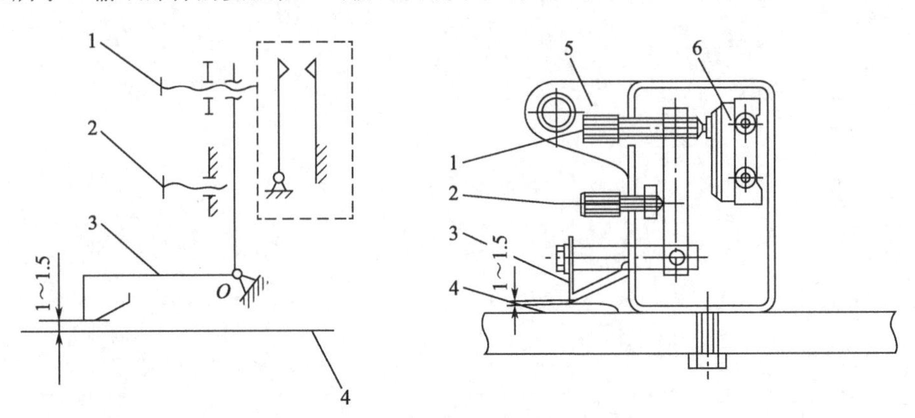

图2-1-26 安全杠装置的原理与结构

1—调节螺钉；2—限位螺钉；3—安全杠；4—输纸板；5—侧板；6—微动开关

5.防护罩

在印刷机的操作面和传动面两边墙板外侧；在机器收纸部位、装版台部位、链带传动部位、印版滚筒与橡胶滚筒处和水辊与墨辊之间等运动部位都装有防护罩。它的安全功能之一，是可以阻止异物落入或人身不慎触及运动部件，保证设备和人身的安全；其次，当机器上有在某部位操作或调整，如装、换版换包衬以及清除印刷故障等，只有打开防护罩才能进行，而防护罩

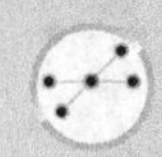

一打开即使电路触点改变，控制台或其他处的点动和启动按钮就不能起作用，机器也就无法实现运动，这样有效地防止多人操作的机器因配合不当，误开机器而造成安全事故。

习题

1. 输纸装置由哪些机构组成？各有什么作用？
2. 简述纸张的分离及输送过程。
3. 简要说明压纸吹嘴、递纸吸嘴和接纸机构的作用、工作原理及调节。
4. 简要说明输纸台自动上升的工作原理。
5. 简述海德堡CD102系列输纸带的调节过程。
6. 简述机械式双张检测机构的原理。

模块二

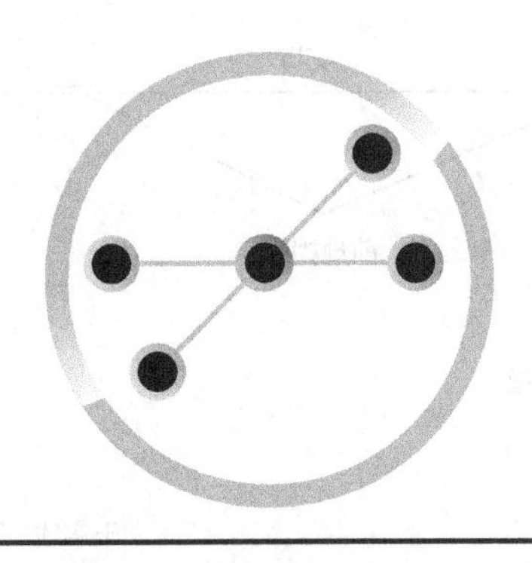

Unit 02

定位装置

项目一 概述

任务一 掌握定位装置的组成

（1）前规：对纸张进行横向定位的装置。前规至少有两个，有的机器使用四个或者更多。

（2）侧规：对纸张进行纵向定位的装置。左右方向或来去方向或轴向方向进行定位。

任务二 理解定位装置的作用

给纸张进行定位，使每张纸都能在同一位置上进入印刷单元，相对印版图文有正确的位置，因此其精度的高低直接决定了印品套印误差的大小，所以规矩部分的安装和调节是非常必要的。

任务三 掌握定位装置的工作原理

定位装置的工作原理见图2-2-1。

① 纸张首先到前规，在前规处于静止状态后，被拉向侧规边。前规给纸张在前进方向定位，侧规给纸张进行侧向定位。一般机器的前规至少有两个以上，大多数机器都有四个以上，但是只有两个是用来定位的。这是因为两点确定一条直线，少了不行，多了会发生相互干涉。

② 侧规的前规定位完后，又将纸张拉向规矩边。这实际上在纸张上又多了一个定位点。加上前规两点共三点给纸定位，因而纸张的整个平面位置就被确定了。通过前述分析可以看出：规矩部分的定位原理实际上利用了两点一线、三点一面的几何原理。

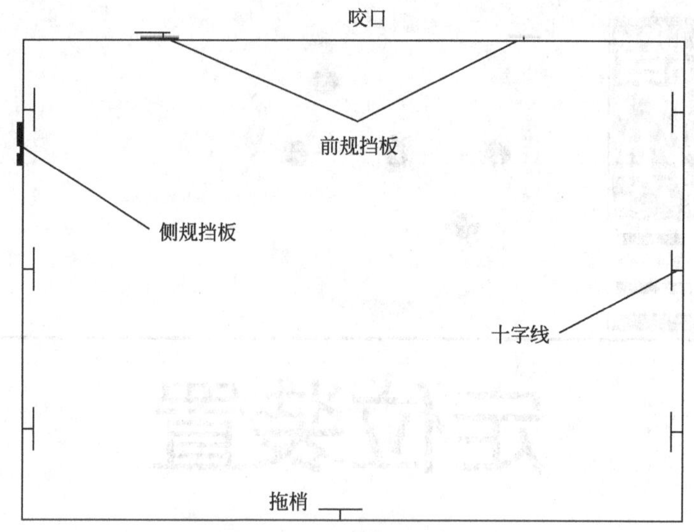

图2-2-1 定位装置的工作原理

任务四 定位装置的工作要求

① 定位精度：一般控制在0.05～0.1mm之间。
② 前规定位线要平行于压印滚筒母线，侧规矩板定位面与之垂直。
③ 既要保证充分和必要的定位时间，又要安排好与输纸、递纸机构的交接配合关系。
④ 对纸张适应性好，在定位过程中不损伤纸张。

任务五 常用习惯用语

① 吊口：印刷时被叼纸牙叼住的那一边（纸头）。
② 拖梢：叼口的对边（纸尾）。
③ 版头：先印刷的一边，印版的叼口边。
④ 版尾：印版的拖梢边。
⑤ 靠身：也为称挨身，指操作面这一边。
⑥ 朝处：相对靠身而言，即靠身的相对边。
⑦ 来去、左右：指印刷机的横向，即轴向。
⑧ 高低、上下：指印刷机的纵向，即周向。
⑨ 直翻印刷：叼口不变的纸张打翻印刷方法，简称直翻。
⑩ 滚翻印刷：改变叼口的纸张打翻印刷的方法。
⑪ 自反印刷：纸张采用直翻，不更换印版的印刷方法，可以实现一张纸印出多个同样小张印刷品的目的。
⑫ 正反印刷：更换印版的直翻印刷方法。

项目二 前规

任务一 精通前规的概述

1.前规的组成（见图2-2-2）

（1）定位板　给纸张前边缘定位。为了套装调节，定位块前后位置要可调。

（2）挡纸舌　为了印刷薄纸或厚纸，防止纸张向上飘动或向上翘，可以调整上下位置。

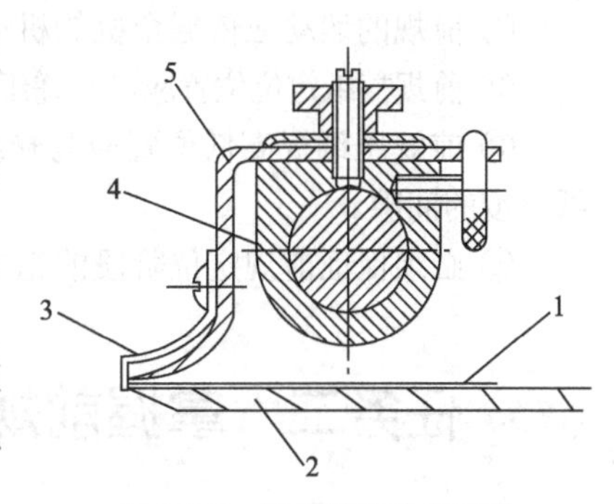

图2-2-2　前规的结构示意图
1—纸张；2—输纸板；3—定位板；4—前规轴；5—挡纸舌

2.前规的作用

（1）前规给纸张纵向定位　纸张纵向定位直接决定了在此方向上的套印精度。如果不对纸张进行此方向定位或者说定位不准，将会造成一系列的印刷故障，如起褶、重影等。

（2）改变叼口的大小　在印刷过程中，有时需改变叼口的大小，解决这个问题的方法有两种：一种是借滚筒；另一种是调整前规的前后位置。当前规的改变量比较小时，动前规还是比较方便的。

（3）弥补装版和晒版的误差　装版和晒版从理论上来说是很难保证所有的图像都处于标准位置，一般都需要通过前规的微量调整来达到确定的位置，这也是前规的重要作用之一。

（4）弥补输纸误差　输纸过程中，纸张由自由状态进入半约束状态，可以说每次到前规的纸张都不处于同一位置，而是通过前规使其到达确定的位置。

（5）为侧规定位创造条件　侧规定位是在前规定位的基础上进行的，因此前规定位是侧规定位的基准。这一点从所设计的印刷机上都能看到。一般情况下，前规定位准确，即使侧规定位不准，机器也不会停车，但如前规定位不准，则机器会自动停车。这是因为侧规定位不准，但只要前规定位准确，印出的印品有时还可以使用。

（6）对各种不同类型和幅面的纸张能进行调节　印刷时所印的纸张根据用户的要求而变化，不可能始终保持一致，因此前规必须能根据不同类型和幅面的纸张做出相应的调整，保证纸张准确定位。

3.前规的分类

（1）按照结构形式

① 组合式前规（定位板与挡纸舌为一体）；

② 分离式前规（定位板与挡纸舌是分开的）。

（2）按照相对于递纸台的位置

① 上摆式前规（前规位于递纸台上方）；

② 下摆式前规（前规位于递纸台下方）。

（3）按照位置和结构形式　组合上摆式前规、组合下摆式前规、分离上摆式前规、分离下摆式前规。

（4）上摆式前规与下摆式前规比较　一是其调节和安装都非常方便；二是对前口呈荷叶边的纸张不需要附加任何其他机构就能消除；下摆式的前规与上摆式的前规相比，能够在纸张还没有完全离开输纸板时就能回到输纸板上，这样就增加了前规的定位时间，更容易保证定位的精度。在定位时间不变的情况下，可以提高机器的速度。所以上摆式的前规适合于低速大幅面或高速小幅面，而下摆式的前规适合于高速大幅面，这也是当代胶印机的一个明显特征。

4.前规的工作要求

① 前规的运动应依据全机的机动关系。

② 前规挡纸定位位置应当与递纸牙叼纸位置相配合，应保证递纸牙叼纸量符合机器使用要求。

③ 前规压纸板高低位置应与输纸板位置相配合，在印刷一般厚度纸张时与输纸板应有三张纸厚度的间隙。

④ 必须保证前规定位阶段的稳定性。

任务二　掌握前规的原理与调节

1.前规的工作原理

前规因无需附加消除荷叶边的机构，它只做摆动。一般情况下其摆动的动作都是通过凸轮带动连杆机构实现的。给纸张定位时，要提前稳定在输纸板上。当递纸牙叼纸离开前规板时，前规提前让纸。

前规回摆时不应和上一张纸相互干涉，前规要实现这几点，其部件动作必须灵活，时间和位移配合准确，同时各部件应具有最小的串动和跳动。

前规的高低调节必须考虑纸张的变化及对侧规的影响。

2.前规的调节

前规的调节机构一般都是比较复杂的，国产设备用的是连杆机构，海德堡用的是三点悬浮式机构。

（1）挡纸舌高低位置调节　前规的高低应根据纸张厚度来定，一般应为纸厚+0.2mm。通常的做法是用叠在一起的两到三张纸（100g/m^{2}以下的纸三张，100～200g/m^{2}之间的纸用两张，200g/m^{2}以上的纸在其本身的基础上再加一张150g/m^{2}的纸即可），放在前规与输纸板之间来检测其高度，以稍带拉力即可，同时要注意前规的左右高度要保持一致。

（2）定位块前后位置调节　前规一般应置于零位，这样可保证纸张的叼口均匀一致。由于上版或晒版误差等原因，需通过前规的位置变化来校正规矩，这种方法原则上不宜采用。如果非采用不可，只允许其微量改变位置。尤其是纸张向前移动时，纸张的叼口增大，容易撕破纸张。

（3）前规一般情况下不宜经常调动　如果两个前规的前后位置调整过频，导致其定位线与压印滚筒的母线不平行，易引起叼纸或套印故障。此外，频繁地前后移动前规，会使前规的高低位置有所变化，也会影响到套印精度。

任务三 主要前规结构与调节

1.上摆式前规

（1）工作原理 如图2-2-3所示。

凸轮1（大/小面）→摆杆2（滑套5）上/下摆→压簧4压缩/拉伸→螺母3→连杆7上/下摆→9、22逆/顺转→（10、13）→摆杆16逆/顺转（螺钉17，前规轴18）→定位板15下摆定位/上抬让纸。

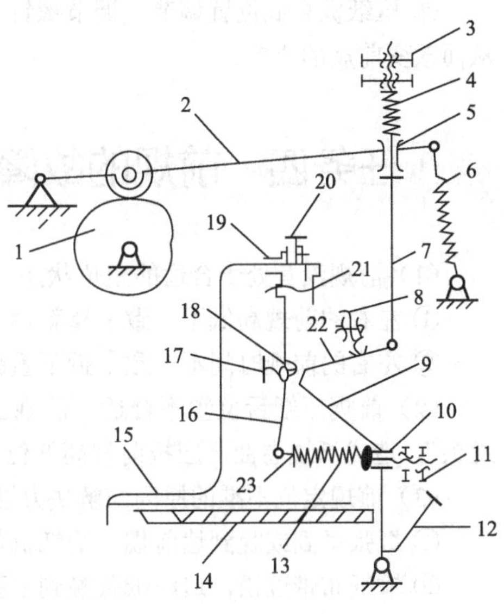

图2-2-3 上摆式前规机构

1—前规凸轮；2, 9, 16, 22—摆杆；3—螺母；4, 13—压簧；5—滑套；6—拉簧；7, 23—连杆；8—紧固螺钉；10—活套；11—螺母；12—互锁机构摆杆；14—递纸牙台；15—定位板；17, 20, 21—螺钉；18—前规轴；19—调节螺母

（2）调节

① 前规定位稳定性 前规定位时，定位块紧靠靠山，螺母21与滑套之间应有0.1mm的间隙，弹簧5被压缩间隙不为零。

② 前规定位时间调节 印刷机处“0”点位置时，凸轮的“0”刻线与滚子接触，可通过凸轮上的长眼螺孔借动，调整后重打销钉。

③ 前规的稳纸时间 连杆7的长度决定稳纸时间长短，杆越长，稳纸时间越短；杆越短，稳纸时间越长。松开锁紧螺母22，调节螺母21。

2.下摆式前规

（1）工作原理 图2-2-4所示为海德堡SM102胶印机下摆式前规工作原理示意图。它是由两个凸轮共同控制实现快速摆动，使前规完成定位和让纸。

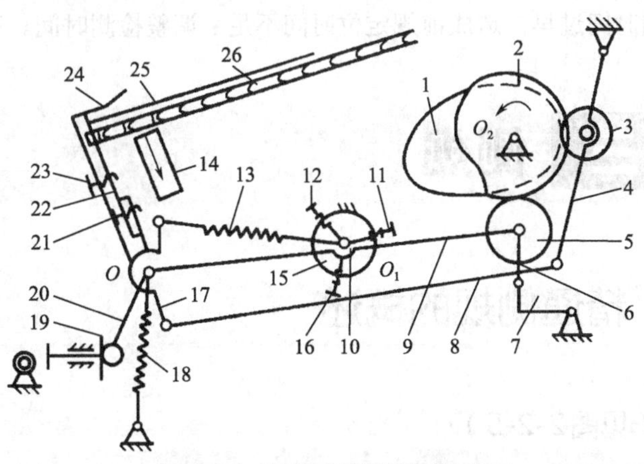

图2-2-4 下摆式前规机构简图

1,2—凸轮；3,5—滚子；4,9,17—摆杆；6,7,20—杆；8—连杆；10—轴；11,12,16—调节螺钉；13,18—拉簧；14—吸气装置；15—套；19—靠山；21,23—螺钉；22—前规挡纸板；24—前规盖板；25—纸张；26—输纸板

凸轮2由高面转向低面时控制滚子3使摆杆4向左摆动，通过连杆8带动装有前规的摆杆17绕轴O顺时针摆动，当杆20靠上靠山19时，前规挡纸板22上摆，前规摆到挡纸定位位置，不再

向右摆动。在前规右摆的同时，凸轮1也由低面转向高面，通过摆杆9使轴O向上移动。下摆让纸正好相反。

（2）调节

① 前后位置　调节螺钉23改变前规挡纸板的前后位置来调节前规的前后定位位置。

② 压纸板高低位置调节　调节螺钉11、12、16安装在轴的两端，可以调节轴O_1的空间位置，从而改变前规的位置。

任务四　前规的故障原因与解决办法

（1）前规没有处于合适的定位状态

① 左右的前规高低不一致：重新调节其高度。

② 左右的前规时间不一致：拆下重新安装。

（2）前规压纸舌位置不合适　前规压纸舌过低，易引起纸张“不到位”，过高易使纸张“走过头”，造成纸边卷曲，应按前规高低位置的要求调节至合适位置。

（3）前规定位不准的原因与解决办法

① 纸张早到或晚到达前规，给纸机与主机之间配合不当：校正给纸机的工作时间。

② 输纸布带过松，造成纸张晚到：张紧输纸布带即可。

③ 输纸布带接头过厚，造成纸张冲力大：重新粘合或缝制布带接头，使之平整。

④ 上摆式前规下面的簧片弯曲，造成纸张叼口边不到位：整平簧片即可。

（4）前规定位时间不足原因与解决办法

① 纸张晚到达前规：按前述方法调整给纸机的工作时间。

② 侧规拉纸时间太早，使前规定位时间太短：调整侧规凸轮，使其拉纸时间晚到一些。

③ 输纸布带过松：张紧输纸布带。

④ 检查机构检测时间过早，造成前规定位时间不足：调整检测时间。

项目三　侧规

任务一　精通侧规的概述

1. 侧规的组成（见图2-2-5）

（1）侧挡纸板　挡纸定位，用久后会形成凹槽。

（2）上挡纸板　控制纸弯曲。

2. 侧规的作用

（1）给纸张侧向定位　给纸张侧向定位是使纸张在侧向保证套印精度的重要措施。如果侧规定位不准，将给印张的后续套印或裁切带来很大困难。

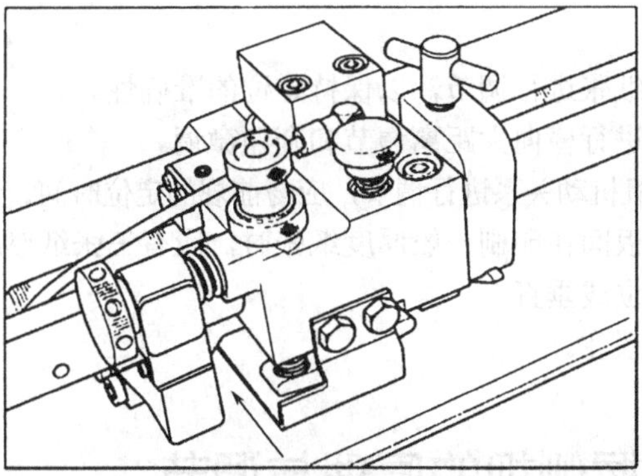

图2-2-5 侧规

（2）弥补装版、晒版的误差 当前规根据装版和晒版的误差调节时，理论上说侧规挡板的角度也需调节，这样始终保持前规和侧规成直角状态给纸张定位。因此在侧规上也专设有此机构。

（3）弥补输纸或纸张裁切误差 侧规的侧向拉纸量为0～12mm，在这其中到底选多少合适呢？假如选12mm，即最大拉纸量，选这个拉纸量只要在拉规能接触到的范围内都能将纸定位。但是由于输纸和裁切误差，有的纸张就可能在12mm之外，这样的纸就无法定位了。假如选0mm，即不拉纸，这样显然和没有侧规一样。纸张变成两点定位，没有达到平面定位的要求。一般选择的拉纸量为5～8mm。选择5～8mm的拉纸量并不是说每次的拉纸量为5～8mm。这个拉纸量只是一个平均数，绝大多数的纸张都在这个接纸量范围内。假如由于输纸误差，有的纸不在这个范围内，大于8mm则多拉，小于5mm则少拉。所以拉纸量的大小实际上是在0～12mm之间变化。

（4）对各种不同的纸张和幅面能进行调节 印刷时由于纸张幅面和厚度的变化，侧规矩能进行相应调节，保证侧向准确定位。

3.侧规的分类

一般分两种，即推规和拉规。推规推动纸张在对面横向定位，拉规拉着纸张在规矩边横向定位。

（1）推规 在较早的机器上还能见得到，现在绝大多数印刷机上用的都是拉规。这是因为纸张的柔性存在，用推规很难保持定位精度。

（2）拉规 有扇形板式拉规、滚轮式拉规、磁条式拉规等。

① 扇形板式拉规：在较早的国产机器上使用过，现在已基本上被淘汰了。

② 滚轮式拉规：目前几乎所有北人设备用的都是滚轮式的。滚轮式拉规的优点是把往复运动改成旋转运动，因此惯性冲击很小，缺点是与纸张的接触面较小，当振动较大时，容易造成套印不准。

③ 磁条式拉规：海德堡设备用的都是磁条式拉规。磁条式拉规的特点是可以与纸张获得较大的接触面积，而且对前规的定位精度影响比较小，但这种结构相对复杂，安装精度要求也很高。对侧规的运动有下列几点要求：

a.在前规拉完后才能拉纸；

b.在递纸牙取纸时，侧规必须离开纸张表面；

c.在拉纸过程中必须稳定不变（侧规与纸张之间始终保持接触）。

④ 气动式拉规：罗兰机器。

⑤ 无侧规机构：高宝利必达。

4.侧规的工作要求

① 拉纸力应根据不同纸张进行调节，以保持定位的准确性。

② 能按印刷纸张幅面进行横向大距离调节和套印微调。

③ 拉纸时间应根据全机机动关系进行调节，应与前规的定位时间、递纸牙叼纸时间紧密配合。

④ 侧规压纸板与输纸板间在印刷一般厚度纸张时，应有三张纸厚度的间隙。

⑤ 定位板应与前规定位线垂直。

⑥ 不工作的侧规应予锁住。

任务二　掌握侧规的原理与调节

1.侧规拉纸的原理

侧规拉纸靠的是摩擦力，摩擦力的形成原理与纸张在输纸板上摩擦力的形成原理基本相似，因此要使纸张可靠定位，必须创造摩擦力的形成条件。如图2-2-6所示，纸张受力分析如下：f_1为主动件产生的摩擦力，f_2为从动件（一般指的都是滚轮）产生的摩擦力，f_3为其他部件在纸张表面产生的摩擦力，根据运动的要求有$f_1=f_2+f_3$。

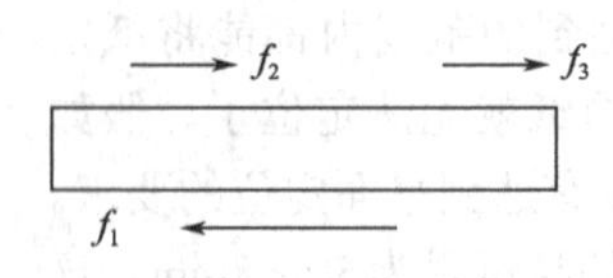

图2-2-6　纸张受力分析简图

f_1和f_2都与侧规弹簧的压力成正比。f_3与其他部件在纸上的作用力成正比。f_3力包括：纸张与纸张之间的摩擦力、侧规压板的阻力等。f_1、f_2和f_3三个力之间的关系直接影响定位的精度。

2.侧规的调节

（1）侧规定位板与前规定位板的垂直度调节　只是调整侧规定位板到合适的位置。侧规压板的高低和前规的高低调节相似，也为纸厚+0.2mm。

（2）压纸舌的高低位置调节　一般要求压纸舌与递板台板的间隙为纸张厚度的3～4倍。通过压纸板高低调节来调动压纸舌的高低位置。

（3）侧规工作位置调节　侧规的位置随纸张幅面的变化而变化，一般应使其拉纸量为5～8mm，这样可保证绝大部分纸张能够准确定位。上面大螺钉是大调，而侧面是小调，在5mm之内。

（4）侧规工作状态调节　起出弹簧，锁住侧规，则不工作。反之，则工作。

（5）侧规拉纸时间长短调节　根据不同的结构进行调节。

（6）侧规拉纸早晚调节　根据不同的结构进行调节。

（7）侧规拉纸力调节　拉纸力可根据不同的纸张进行调节，实在调不了，可更换其里面的弹簧。

任务三　主要侧规结构与调节

1.滚轮式侧规（见图2-2-7）

滚轮式侧规工作稳定，适合于高速印刷机，J2108、J2203、PZ4880等均采用这种类型的侧规。

（1）工作原理　侧规安装在两根轴上，传动轴上装有凸轮19和齿轮22，通过平键与轴连接，它们在轴上的位置由侧规座体18控制。在固定轴16上套有套筒座17，它可连同整个侧规在移动

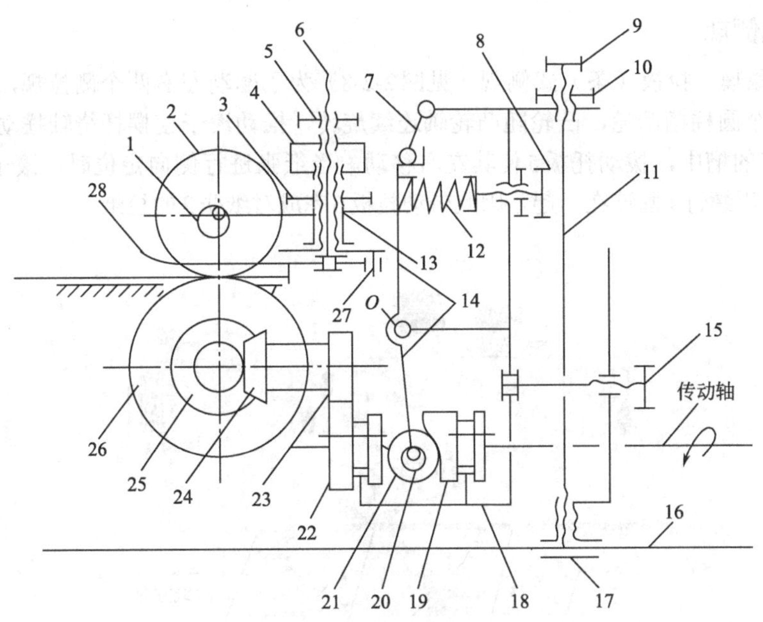

图2-2-7 滚轮式侧规机构示意图

1—压纸轮的偏心装置；2—压纸轮；3,5,10—锁紧螺母；4—调节螺母；6,11—螺杆；7—锁紧偏心；8—调节螺钉；9—手柄；12—压簧；13—有外螺纹套筒；14—摆杆；15—调节螺钉；16—侧规固定轴；17—套筒座；18—侧规座体；19—凸轮；20—偏心轴；21—滚子；22,23—齿轮；24,25—锥齿轮；26—拉纸轮；27—侧挡规；28—上挡规

后螺杆上端的手柄9固定。

拉纸轮的旋转运动是由齿轮22传动齿轮23，齿轮23和锥齿轮24连接在一起，故锥齿轮24也获得转动且传动锥齿轮25，使拉纸轮26获得旋转运动。

压纸轮的上下摆动是由凸轮19经滚子21使摆杆14绕支点O往复摆动，摆杆14伸出的摆臂上固定着一压纸轮2，所以压纸轮随着摆杆14的摆动而上下摆动，压簧使滚子21和凸轮19表面接触。拉纸时，压簧12又使压纸轮2和拉纸轮26获得接触压力。

（2）调节

① 侧规拉纸时刻的调节　如果需要改变一个侧规的拉纸时刻，可以松开凸轮19上的固定螺钉，调节凸轮与轴圆周的相对位置，就可使拉纸时刻得到较大调节。若再需要微调，则可以通过调节偏心轴的偏心位置，改变滚子与凸轮曲线面低点的间隙。间隙大，则拉纸滚轮落得早、抬得晚；反之，则拉纸滚轮落得晚、抬得早。

② 挡纸定位板工作位置的调节　挡纸定位板工作位置的改变是利用两个螺纹的差动进行调节的。调节时，松开螺母5，转动调节螺母4，使螺杆6带动上挡规28在有外螺纹的套筒13内移动，以改变压纸板与输纸台的间隙，由于螺母4与套筒13相连接部分的螺距较大，与螺杆6连接部分的螺距较小，故当螺母转动一周，压纸板的高度移动量为两螺距之间差值，挡纸定位板与输纸铁台的间隙一般仍为所印纸张厚度的三倍。

③ 拉纸力的调节　一般通过调节螺钉改变压簧的变形量来获得拉纸轮的接触压力（压簧通常有两种，一种是细簧、一种是粗簧，根据纸张厚薄不同而选用）。

④ 侧规工作位置的调节　松开锁紧螺母，用手柄旋松螺杆，改变套筒座在固定轴上的轴向位置，移动整个侧规，使其在“左右”方向得到较大调整。微调则是松开锁紧螺母，可使侧规座体与固定轴作相对移动来微量调节。

2.拉板式侧规

（1）工作原理　拉板（条）式侧规（见图2-2-8）为了驱动左右两个侧拉规，前规凸轮轴上安装有左右两个圆柱槽凸轮，凸轮随凸轮轴连续旋转，推动滚子使摆杆绕轴摆动。摆杆上的拨块3装于托板5的槽中，拨动托板5使其左右移动。当纸张进行侧向定位时，滚子4摆下，由于拉板6与托板5用螺钉1固连在一起，因此带动拉板6完成对纸张2的拉纸。

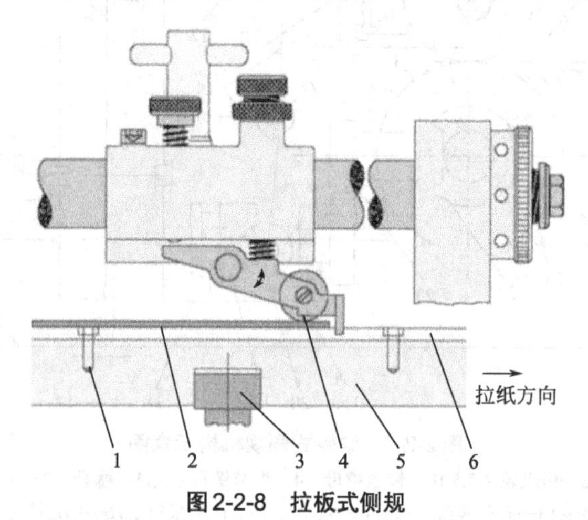

图2-2-8　拉板式侧规

1—螺钉；2—纸张；3—拨块；4—滚子；5—托板；6—拉板

（2）调节

① 侧规位置调节　拧动侧规固定螺钉后，来回扳动侧规，侧规位置确定好之后，重新将螺钉拧紧。

② 拉纸量调节　拧动侧规上相应的调整机构，通过螺杆可以微量调节侧规的轴向位置，从而改变拉纸量的大小。拉纸量的大小也可以通过刻度读出。

③ 侧规高度的调节　通过改锥调节拉纸球上面的偏心销轴就可以调节拉纸球的高低，实现侧规高低位置的调节。

④ 侧规拉纸时间调节　通过改变调整机构凸轮和辊子的相对位置，改变拉纸时间。

⑤ 拉纸力的调节　调节侧规上部网状旋钮，改变其下面弹簧的压缩量，从而实现侧规压滚轮对纸张的作用力。一般厚纸时用大弹簧，薄纸时用小弹簧。

3.气动式侧规

（1）工作原理　气动式侧规（见图2-2-9）规体8安装于侧规轴上，吸气板3装在吸气托板2上，托板2是封闭的，并与气泵相通，吸气板上钻有44个小孔，用于吸纸。凸轮轴带动圆柱凸轮1旋转，经滚子、摆杆推动吸气托板2左右移动。工作时，当纸张在前规处完成定位后，吸气板3吸住纸张，在凸轮1的作用下向左移动，使纸张靠向侧规定位板4进行定位。

气动式侧规的特点：①拉纸过程中纸张能够完全保持平伏，不会翘曲；②纸张和拉纸零件间无相对摩擦，不会蹭脏纸张以及上面的图文；③结构简单，操作调节方便；④对纸张要求较高，因为拉纸板上的吸气孔容易被纸毛、灰尘堵塞。

（2）气动式侧规的调节

① 侧规工作位置设定：依据纸张幅面通过自动系统调节。也可以通过手动进行调节。根据输纸规板上的刻度移动侧规，并将其固定。

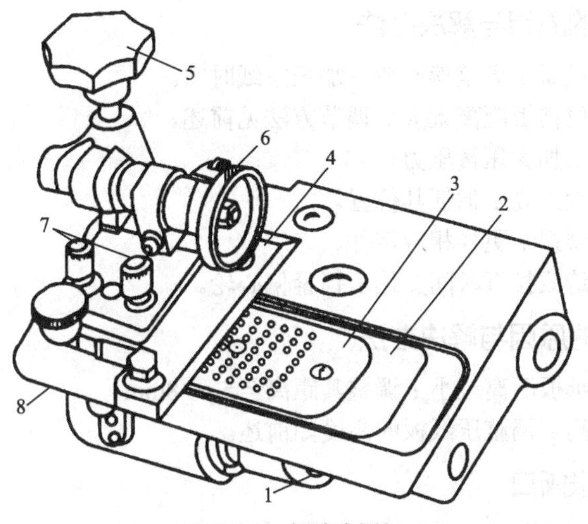

图2-2-9 气动式侧规

1—凸轮；2—吸气托板；3—吸气板；4—侧规定位板；5,6—手轮；7—调节钮；8—侧规体

② 侧规吸风量调节 通过相应的调节机构调节侧规吸风量、前规吹风量、吸风辊吸风量。更换吸风板及吸风量调节：当印刷厚纸板（>150g/m^2）时使用树脂表面的吸风板；当印刷纸张<150g/m^{2}时使用陶瓷表面的吸风板。松开相应的紧定螺钉，卸下不用的更换吸风板后拧紧就可以了，最后将递纸滚筒上方的安全护罩关闭就可以了。

任务四 掌握侧规的故障原因与解决办法

1.侧规没有处于合适的定位状态

（1）侧规拉纸轮动作不灵活：将其上面的脏物清洗干净，并加油润滑。

（2）侧规拉纸时抖动。

① 侧规与回转轴之间连接的滑键脱落：重新装入滑键。

② 侧规的紧固螺钉没有锁紧：重新紧固锁紧螺钉。

2.侧规定位时间不足的原因与解决办法

（1）调整侧规下面的偏心轮：增加侧规定位时间。

（2）侧规定位时间过晚：调整侧规轴上轮，使其定位时间适当提前。

（3）纸张距侧规定位挡板距离过远：移动侧规或调整输纸台的左右位置，使纸张距侧规定位挡板5～8mm。

3.侧规拉不动纸的原因与解决办法

（1）侧规的压纸板太低：调整其高度，使其高度为待印纸张的纸厚加0.2mm，薄纸为3张纸厚度。

（2）拉纸轮位置太高：调整拉纸轮的内偏心，降低拉纸轮的位置。

（3）前规压纸舌过低：调整前规高度。

（4）拉纸轮的拉力不足：更换弹簧或加大压力。

（5）输纸台上的压纸轮压在纸尾上：移动压纸轮使其距纸尾2～3mm。

4.侧规定位不准的原因与解决办法

（1）侧规拉纸时间过短：调整偏心轮，加长拉纸时间。

（2）纸张距侧规定位挡板距离太大：调节方法见前述。

（3）侧规拉力不足：加大压簧压力。

（4）侧规拉纸轮位置太高：调低其位置。

（5）侧规零件严重磨损：更换相应零件。

（6）偏心轮松动，造成拉纸时间变化：锁紧偏心轮。

5.侧规拉纸过头的原因与解决办法

（1）纸边距侧规挡纸板距离过小：调整其距离至5～8mm。

（2）压纸板位置太高：调整压纸板的高度如前述。

6.侧规下面的纸张撕口

侧规抬起过晚与递纸牙之间出现相互干涉现象：调整侧规轮，使其抬起时间提前。

7.侧规挡纸板歪斜与前规挡纸板所形成的定位不成直角，造成前规定位不准

调整侧规挡纸板与前规适应。

项目四 定位时间

纸张定位时间用度数表示，一个工作周期为360°。周向定位时间$t_{周}=|t_{前}-t_{侧}|$，轴向定位时间$t_{轴}=|t_{侧}-t_{叼}|$，其中：

$t_{前}$为前规刚到达定位位置的时间；

$t_{侧}$为侧规刚拉纸时间；

$t_{叼}$为递纸牙叼纸时间。

一般情况下，$t_{周}\geqslant 40°$，$t_{轴}\geqslant 40°$，$t_{总}=t_{周}+t_{轴}\geqslant 80°$。

当$t_{周}\geqslant 40°$时，如果纸张到前规的时间不合适，同样不能保证套印准确。对于J2108胶印机而言，当前规到达定位位置时，纸应距前规6～8mm，也就是机器9°～11°的行程。这段距离实际是对歪张、纸张速度变化等输纸不稳定故障的一种缓冲与补救，以实现纸张准确定位的目的。如果这段距离过小，习惯上称为走纸过快，纸易冲过前规，俗称纸过头或纸越位；如果这段距离过大，习惯上称为走纸太慢，纸易走不到前规，俗称纸不到位或走纸不足。

习题

1.定位装置有什么作用?

2.简述前规和侧规各自的作用。

3.前规的调节方法有哪些?

4.侧规的调节方法有哪些?

5.简述滚轮式侧规、拉板式侧规和气动式侧规的原理。

6.简述侧规的常见故障与解决方法。

模块三

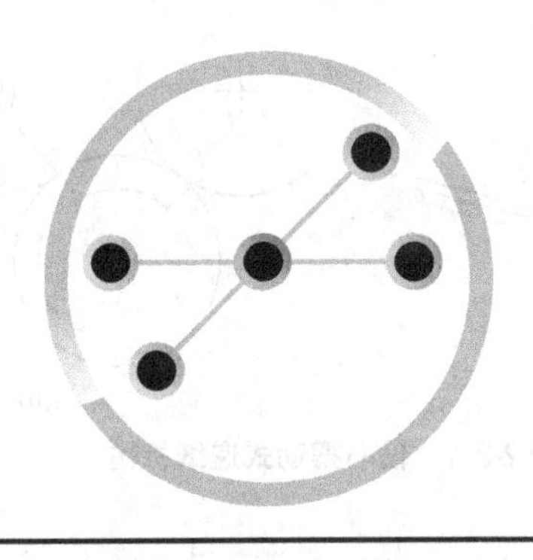

Unit 03

递纸装置

项目一 递纸装置的概述

任务一 递纸装置的作用与分类

1.递纸装置的作用

递纸装置是把定位好的纸张递送给滚筒叼牙。

2.递纸装置的分类

（1）按照递纸方式分类

直接递纸：由压印滚筒的叼牙直接叼住纸张传递称为直接递纸。纸张速度在瞬间由零升到印刷滚筒的表面线速度，易在叼牙中滑移，套印精度不高。

间接递纸：由递纸装置把纸张准确地传给压印滚筒叼牙，称为间接递纸，传纸稳定，交接准确性高。

（2）按照递纸机构分类

① 摆动式　摆动式递纸装置按照摆动形式可分为：上摆式（即偏心摆动式）、下摆式（即定心摆动式）。

上摆式即递纸牙向上摆动递纸的递纸方式。纸直接递给压印滚筒，结构复杂，为防止递纸牙返回时碰撞滚筒，一般设有偏心运动，让叼纸牙返回时上抬。如图2-3-1所示。

下摆式目前所见到的就一种，即定心摆动式（见图2-3-2）。没有偏心摆动式的，其主要原因很可能是安装空间太小。下摆式与上摆式的相比，最主要的一个优点是递纸牙可以在纸张还未全离开输纸板时，就回到输纸板上，这样可以延长交接时间，提高交接的稳定性，从而可以提高机器的速度。

② 旋转式　一般分为两种：一种是间歇式的，另一种是匀速回转式的。

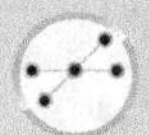

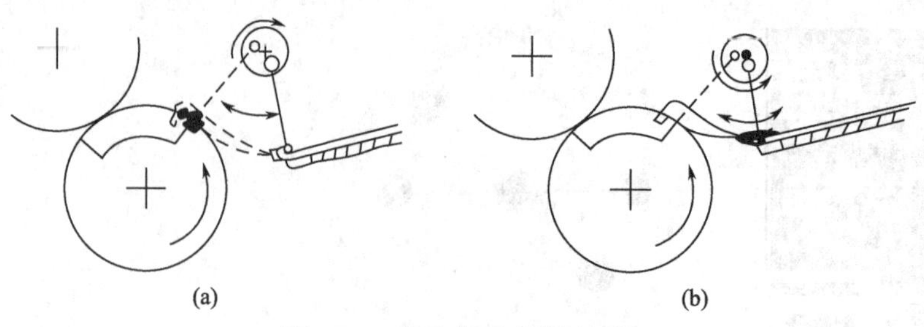

图2-3-1　偏心摆动式递纸机构

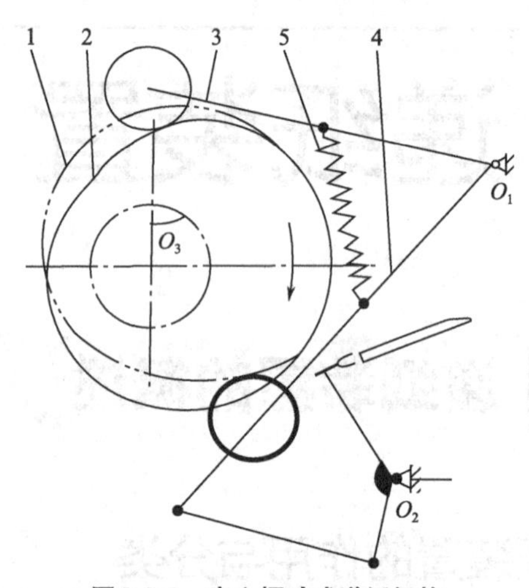

图2-3-2　定心摆动式递纸机构

1—递纸凸轮；2—复位凸轮；3,4—摆杆；5—拉簧

间歇式主要用于低速机器上，现已趋于淘汰。

匀速回转式的目前用得最多的是海德堡印刷机。匀速回转式的一个最大的优点是蹭脏可能性被完全消除，而且比偏心摆动式的冲击要小。但是这种递纸牙也只能在纸张完全离开输纸板后才能回到输纸板上，与下摆式相比，存在着取纸时间不足的问题，另一个缺点是这种递纸牙的结构比较复杂。因此在高速印刷机中，这种递纸牙很有可能被淘汰。

③ 超越式　超越式一般分为两种，即真空皮带式和摩擦辊式。真空皮带式的靠压差将纸张传给滚筒，摩擦辊式的靠摩擦轮将纸张传给滚筒。如图2-3-3、图2-3-4所示。

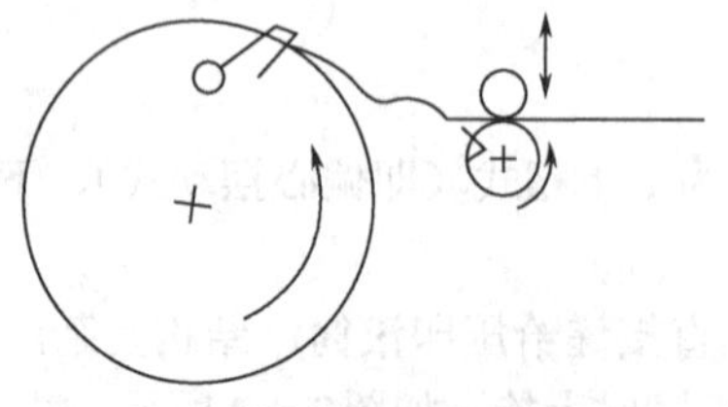

图2-3-3　摩擦辊式超越递纸机构

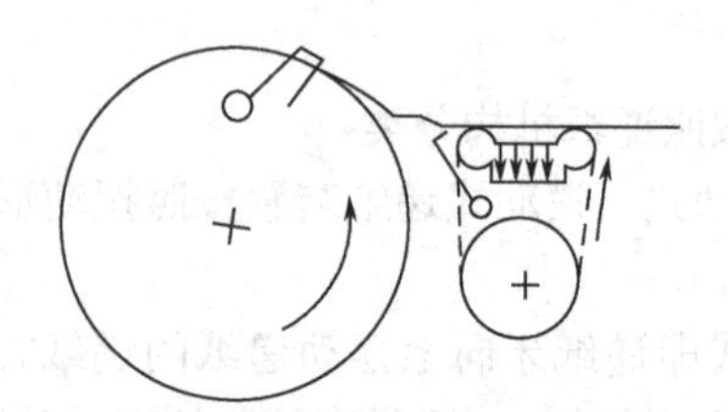

图2-3-4　真空皮带超越式递纸机构

超越式递纸是在牙台处用前规与侧规对纸进行预定位，然后通过一定的措施把纸加速送到滚筒叼牙板上进行二次定位。纸张的定位速度稍大于压印滚筒的表面线速度，从而纸张始终紧靠压印滚筒叼牙上的定位板。由于定位在滚筒上进行，因而机器的速度可以更高，但是由于这种机构定位的精度问题，特别是对于大幅面，定位的精度更低，所以一般都是小型胶印机上采用这种机构。

任务二　递纸装置的工作要求

1.自身运动轨迹

① 相对于输纸板绝对静止取纸。这是纸张交接的关键一步。只有绝对静止，才能保证交接的平稳性，不破坏纸张的定位精度。

② 匀加速运动把纸张由输纸板传到压印滚筒或传纸滚筒。这个要求保证纸张平稳交接，惯性冲击最小。这一点是设计递纸凸轮的关键。实际上设计递纸凸轮不一定非得等加速或等减速，关键是要求运动平稳，惯性冲击最小。

③ 相对静止地把纸张交给后续滚筒，只有相对静止才能进行纸张交接，如果在交接过程中相对滑动，则交接的精度被破坏。

④ 匀减速从滚筒回到输纸板上。这个要求使纸张回到输纸板上时，所需的稳定时间最少，使其最快地步入绝对静止状态。这一点也是设计递纸凸轮的关键一部分。

2.相对运动的要求

① 前规和侧规定位完毕后，递纸牙才能到输纸板上取纸。

② 递纸牙离开输纸板时，前规应提前离开输纸板。

③ 递纸牙的牙垫和后传纸滚筒的牙垫相平行时，才能交接纸张。

④ 当出现输纸故障时，递纸牙在输纸板上不合牙。

3.运动轨迹的要求

① 运动轨迹平滑，惯性冲击最小。

② 在运动轨迹内，不能与任何其他部件相互干涉。

4.本身精度的要求

① 所有的牙垫平齐，摩擦因数均匀分布。

② 所有的牙片压力一致，接触均匀。

③ 所有牙片的动作一致。

④ 开闭牙机构动作灵活、可靠。

⑤ 递纸牙轴的窜动和跳动最小。

项目二　递纸装置的工作原理

任务一　掌握摆动式递纸装置的原理与调节

1.偏心旋转上摆式递纸机构工作原理

图2-3-5所示为偏心旋转上摆式递纸机构的结构与工作原理。J2208/2205、罗兰、小森和滨田采用这种递纸机构方式。

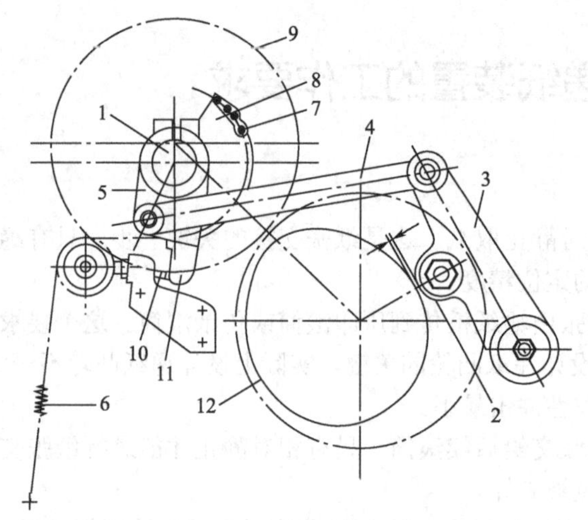

图2-3-5 偏心旋转上摆式递纸机构

1—递纸牙摆动轴；2—滚子；3,5—摆杆；4—连杆；6—大拉簧；7—链条；8—链轮；
9—齿轮；10—定位螺钉；11—定位摆块；12—凸轮

递纸牙的摆动轴活装在两侧墙孔内的偏心套里，偏心套的偏心距为20mm，每个偏心套上各装有一个与压印滚筒传动齿轮相啮合、分度圆直径相等的递纸牙传动齿轮，因此偏心套带动递纸牙轴绕其旋转中心以与压印滚筒同步的速度反向旋转；与此同时，递纸牙又由装在压印滚筒轴头的凸轮，通过滚子、摆杆、连杆带动，使递纸牙轴固定的传动摆臂作摆动运动，从而使装在递纸牙轴上的递纸牙作往复摆动。因此，递纸牙的运动是其摆动中心，绕偏心套中心所作的匀速旋转运动和由凸轮连杆机构驱动的相对于递纸牙摆动中心的摆动运动的合成运动。由于采用了旋转偏心，使递纸牙在回程时摆动中心提高，运动轨迹为“水滴”状封闭曲线，如图2-3-6所示，返回时碰不到滚筒工作表面，这样可不必等滚筒空挡而提前返回，既可以缩小滚筒空挡和滚筒直径，又可以提高递纸牙运动的平稳性及递纸精度。当递纸牙摆到牙台处时，摆纸牙定位块靠上靠山，凸轮滚子与凸轮脱开，叼纸牙在静止中完成叼纸动作，保证了叼纸的稳定性。叼纸牙递纸后作加速运动，最后速度与压印滚筒表面线速度一致，到切点时与滚筒叼纸牙在相对静止中完成纸交接。

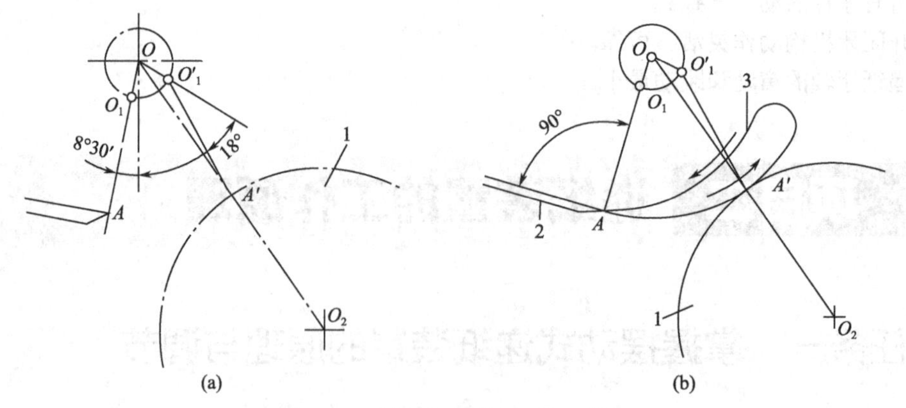

图2-3-6 “水滴”状递纸牙运动轨迹

2.偏心旋转上摆式调节

（1）递纸牙在前规处的接纸位置调节　如图2-3-5所示，由定位螺钉10决定。慢慢转动机器，递纸牙摆动到前规，10顶住11，凸轮低点与滚子之间要有0.03～0.05mm的间隙。根据此位置，调节前规定位板，使递纸牙咬纸距离在5mm左右。

（2）递纸牙与滚筒咬牙的交接位置调节　以压印滚筒咬牙为基准，在机器处于0位时，要求递纸牙顶比压印滚筒边口平面超前0.5～1.5mm，如图2-3-7所示。

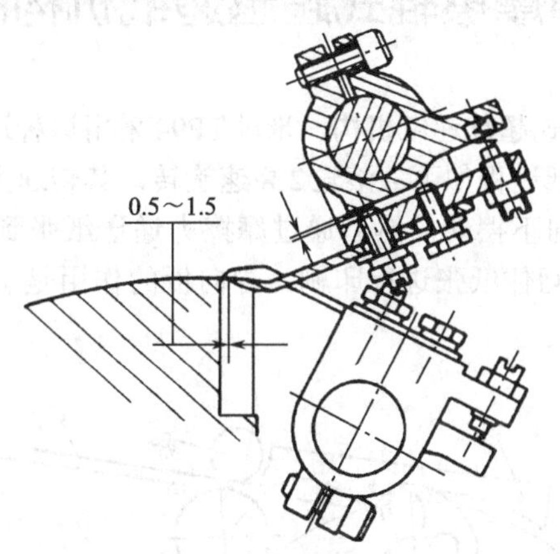

图2-3-7　递纸牙与压印咬牙交接位置示意图

任务二　掌握匀速回转式递纸装置的工作原理

如图2-3-8所示为匀速回转式递纸装置的工作原理，SM102和J2109印刷机采用这种递纸装置。其工作原理是装有递纸牙的递纸滚筒匀速连续旋转，转速与压印滚筒相同，方向相反。除转动外，递纸牙排和牙垫还在固定凸轮传动下绕定轴摆动，使递纸牙与前规处于相对静止状态时完成接纸动作，当递纸牙转到两个滚筒的相切位置时，将纸张交给压印滚筒。

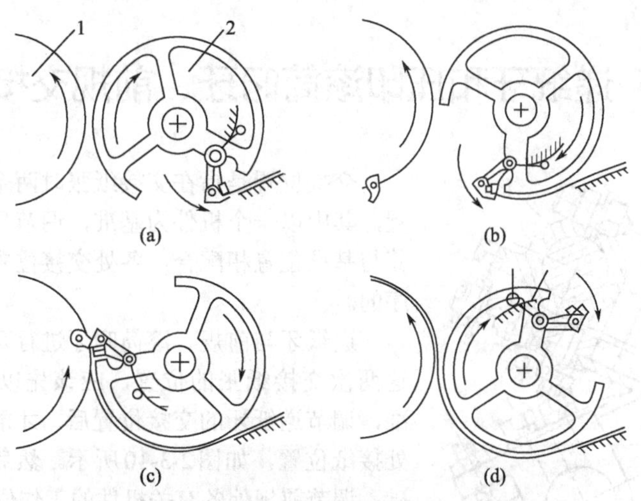

图2-3-8　匀速回转式递纸装置的工作原理

如图2-3-8（a）所示，叼牙在前规处接纸时，递纸滚筒旋转，而叼牙向与滚筒转速相反的方向摆动，使叼纸牙相对于输纸台静止接纸；如图2-3-8（b）所示，叼纸牙在输纸台处接纸后，停止摆动，与递纸滚筒一起向压印滚筒旋转；如图2-3-8（c）所示，递纸滚筒和压印滚筒在转速相

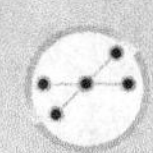

同、方向相反的转动中，相对静止的状态下进行纸张交接；图2-3-8（d）所示为由压印滚筒向输纸台板的转动中，叼纸牙开始向前摆动，准备在输纸台板处接纸。

任务三　精通摩擦辊式超越递纸机构的结构与原理

如图2-3-9所示为摩擦辊式超越递纸机构，米勒TP94采用这种递纸装置。利用摩擦辊高速旋转来加速纸张进行递纸。递纸过程如下：滚轮2高速旋转，其转速大于压印滚筒表面线速度，当纸张预定位后，压纸滚轮1向下摆动，然后通过摩擦力递送纸张到达压印滚筒定位板上进行定位。定位后由压印滚筒叼牙叼住纸张进行印刷。导向板的作用是引导纸张进入压印叼牙中，防止纸张冲出叼牙之外。

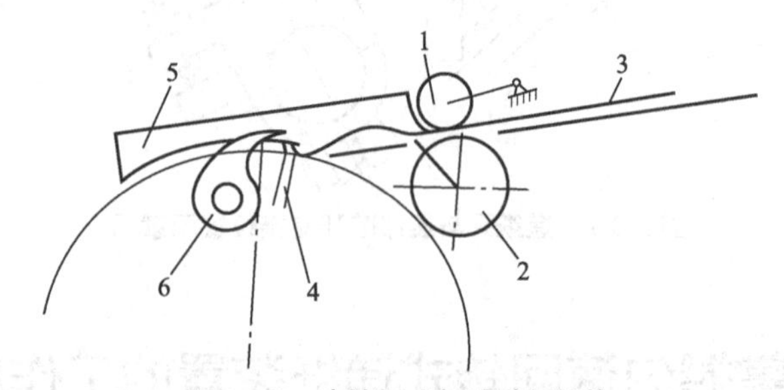

图2-3-9　摩擦辊式超越递纸机构

1—压纸滚轮；2—前规滚轮；3—纸张；4—压印滚筒规矩；5—导纸板；6—压印滚筒咬牙

项目三　递纸装置的调节

任务一　递纸牙和压印滚筒叼牙、前规交接位置的调节

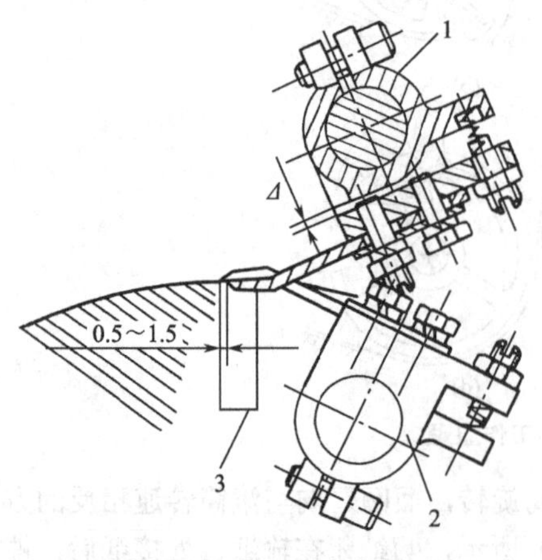

图2-3-10　递纸牙与压印滚筒的交接位置

1—递纸牙；2—压印滚筒叼牙；3—压印滚筒牙垫

交接位置是指在交接纸张时两个交接机件的相对位置，其中以一个机件为基准，调节另一个机件的位置使其与基准位置相配合，各处交接位置的调节是有先后次序的。

递纸牙与前规、滚筒叼牙进行两次交接纸张，它在这两次交接纸张的位置，应该先以压印滚筒叼牙为基准，调节递纸牙的交接位置后，才能确定递纸牙在前规处接纸位置，如图2-3-10所示。然后，再以此位置为基础，调节前规处各有关机件的工作位置。

递纸牙和前规的交接位置：它是由定位螺钉决定的，调节时慢慢转动机器，使递纸牙摆动到前规，定位螺钉顶住递纸牙轴上的挡块，此时凸轮低点和滚子有0.03～0.05mm的间隙，如果间隙过大或过小，可转动定位螺钉予以调节，当然，要求两边定位螺钉与挡块顶住的时间和受力应该一致。然后调节前规的定位板，使定位板和递纸牙在一条平行直线上，而且递纸牙叼纸在3～5mm范围内。

任务二　递纸牙垫高度的调节

递纸牙垫高度的调节是以压印滚筒叼牙牙垫的高度为基准的，理想状态是在“0”位时递纸叼牙垫和压印滚筒叼牙垫的间隙为一张印刷纸厚。但由于纸张是软的，纸边也不可能平整，以及调节、运动误差、纸张厚度变化等各种因素，这种状态难以达到，故一般情况下，两个牙垫的间距为两张印刷纸厚，或者一张印刷纸厚加0.2mm较为适宜。如图2-3-11所示。

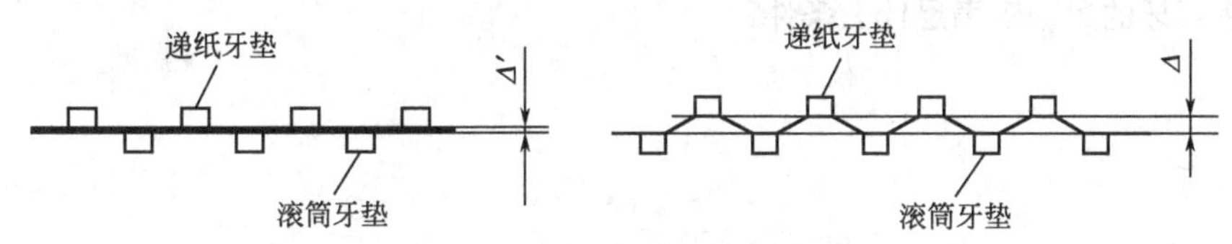

图2-3-11　牙垫间隙示意图

具体调节方法是：先用一块相应厚度的钢片，将其平放在滚筒牙垫的工作面上，松开固定螺钉，使递纸牙垫轻靠在钢片上，然后再拧紧固定螺钉，这样逐个地把全部牙垫调节在平行滚筒平面的一直线上（还可进行整体调节）。

递纸牙在前规处接纸，当它处于最低位置时，牙垫表面与输纸铁台的间隙应根据纸张厚薄而定，印刷薄纸时，其间隙为所印纸张厚度的三倍；印刷厚纸时，则为印刷纸厚加0.2mm为宜。调节时以牙垫高度为基准，通过输纸铁台反面支承板上的固定螺钉来改变输纸铁台的高度，使牙垫和输纸铁台的间隙符合要求，然后重新将固定螺钉锁好即可。

任务三　递纸牙叼纸力的调节

叼纸力就是牙片和牙垫之间的压力，无论是递纸叼牙还是压印滚筒叼牙，都需要在印刷过程中进行调节。递纸牙叼力的调节，必须在递纸牙牙垫高度调节准确的基础上进行。否则，将因牙垫高度变化而影响叼力，如图2-3-12所示，递纸牙叼纸力调节的具体步骤和方法如下。

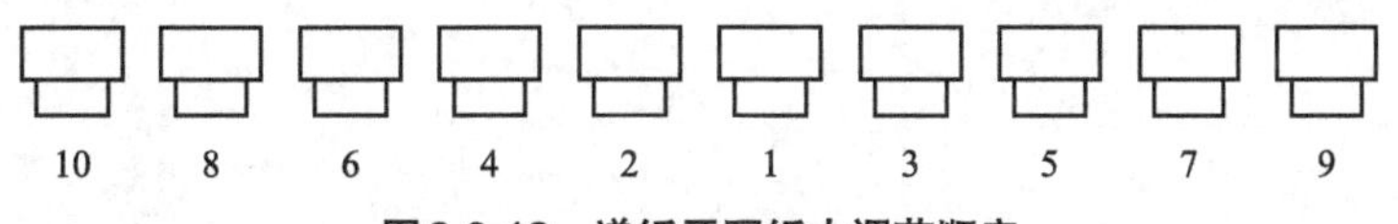

图2-3-12　递纸牙叼纸力调节顺序

① 将机器转动到递纸牙在输纸台边上叼纸的位置，控制叼牙张闭的凸轮和滚子脱离接触。即递纸牙进入闭牙区域。

② 在叼牙轴定位挡块和定位螺钉（靠山）之间垫入0.25～0.3mm厚纸片。

③ 松开全部叼牙的紧固螺钉，使所有叼牙都不闭合。

④ 测试叼力并按照图2-3-12所示的顺序调节叼力大小，然后旋紧紧固螺钉，牙片与牙垫之间放0.1mm厚的牛皮纸条测试叼纸力。

⑤ 撤去定位挡块和定位螺钉（靠山）之间的纸片，此时，叼力拉簧使定位挡块和定位螺钉

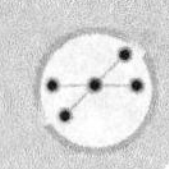

靠紧，所有叼牙的小撑簧都随之增加相等的压缩量，即增加了相等的叼力。

⑥ 微调时可调节螺钉。

测试叼纸力一般有两种方法：一是整体测试，就是让叼纸牙叼住整张纸，根据手感判断；二是个别测试，就是让叼纸牙叼住牛皮纸条，根据手感来判断，有时调节滚筒叼纸牙时，可在牙垫上粘点黄油，将纸条贴在每一个牙垫上，然后让叼纸牙闭合，测试其叼纸力。

习题

1. 递纸装置的作用是什么?
2. 超越式递纸有哪些优点?
3. 递纸牙的运动应满足什么条件?

模块四

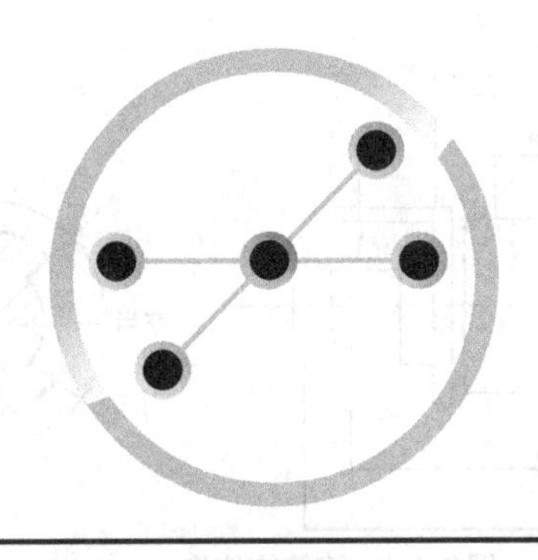

Unit 04

印刷装置

项目一 印刷装置的概述

任务一 掌握印刷装置的作用及组成

1.印刷装置的作用

印刷装置是把递纸装置递送过来的纸张进行印刷并交给收纸装置。

2.印刷装置的组成

① 滚筒部件：印版滚筒（Plate Cylinder）、橡胶滚筒（Blanket Cylinder）、压印滚筒（Impression Cylinder）和传纸滚筒（Transfer Cylinder）。

② 离合压部件：离合压执行机构与离合压传动机构。

③ 调压部件：主要是印刷压力的调节装置。

任务二 了解滚筒结构

1.滚筒体结构（见图2-4-1）

（1）轴颈　是滚筒的支承部分，一般都是用于安装轴承，轴承再安装于墙板上，保证滚筒运转平稳和印刷质量的重要部位。

（2）轴头　用于安装转动齿轮或凸轮，使滚筒得到动力。

（3）肩铁　也称滚枕，是印刷机测量印刷压力的基准或是印刷基准（走滚枕印刷机），材料要求耐磨，也是印刷直接承担印刷的部分，筒身有空档部位和有效表面。空档部位根据不同的滚筒用于安装咬纸牙排机构、拉紧橡胶布机构、装卡印版结构。有效表面是用于印刷的部位。

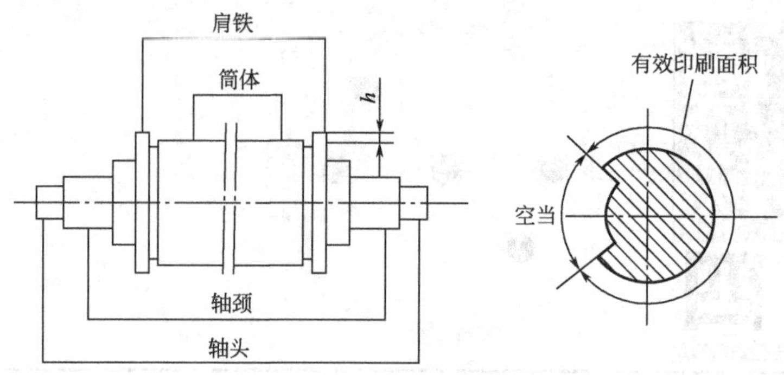

图2-4-1　滚筒体结构

2.滚筒齿轮

（1）作用　用来传递运动和动力。

（2）齿轮精度　传递运动的准确性；传动的平稳性；载荷分布的均匀性；齿轮的侧隙偏差性。

（3）齿轮精度要求

① 运动精度要求：要求传递运动准确可靠，保持传动恒定。

② 工作平稳性要求：要求传递运动平稳，冲击，振动和噪声小。

③ 轮齿接触要求：要求载荷分布均匀，避免接触应力过大而引起齿面过早磨损。

④ 齿侧间隙要求：要求非工作齿面留有间隙以保留润滑油、补偿温度等引起的尺寸变化及加工、安装误差。

（4）齿轮模数　表示齿形的大小。模数越大，齿形尺寸也大，轮齿所能承受的力也就越大。

（5）齿轮的压力角　是指渐开线齿形上任意一点的受力方向线和运动方向线之间的夹角。我国标准压力角是20°，而机器普遍采用非标的15°或14.5°。

3.滚筒轴承

（1）作用　是轴类回转零件的重要支撑件，具有支撑回转轴、保持回转轴旋转精度、减少转轴与支撑之间摩擦和磨损的作用（见图2-4-2）。

图2-4-2　滚筒轴承

（2）滚筒轴承分类　滑动轴承与滚动轴承。

（3）滑动轴承的优缺点

① 优点：轴身与轴颈接触面积大，能承受较大的冲击载荷；轴承体积小，承载能力大；有一定阻尼作用，有利于减小冲击；减振性和抗振性好，传动平稳，噪声小。

② 缺点：互换性差，加工修配难度大；对润滑要求高，速度变化或载荷变化时需要润滑调整；滑动轴承只能承受径向力。

③ 滑动轴承要求良好的润滑系统。

（4）滚动轴承的优缺点

① 优点：摩擦阻力小，摩擦因数稳定，启动速度快，运转灵活；径向间隙小，采用预紧方法可完全消除间隙，适合高精度回转需要；转动效率高，易于维修，润滑方便，便于互换。

② 缺点：抗冲击能力差，磨损带来的轴承间隙扩大易导致振动加剧；径向安装尺寸较大，安装较复杂；承载小，高速重载下易产生噪声，寿命短。

现代高速印刷机器一般用滚动轴承。

任务三　熟悉滚筒的排列方式与特点

1.三滚筒型

如图2-4-3所示，三滚筒型是指每个色组都由独立的三个基本滚筒组成的排列方式，色组间采用滚筒传纸，可用单、双、四及多色印刷，目前最常用。

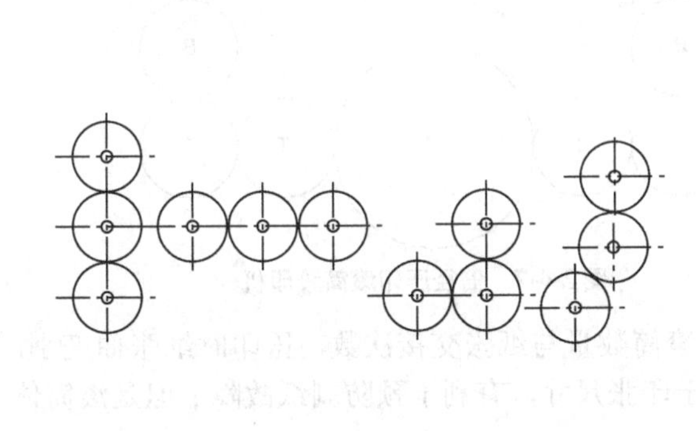

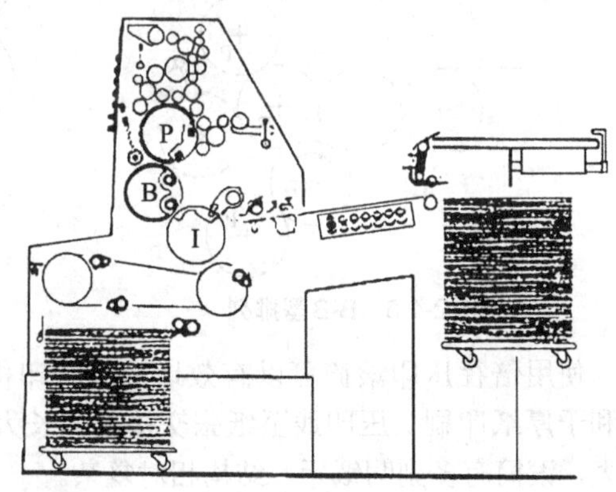

图2-4-3　三滚筒型

2.五滚筒型

如图2-4-4所示，每个印刷机组由两个印版滚筒、两个橡胶滚筒和一个压印滚筒组成。实际上是两个三滚筒印刷机组共用一个压印滚筒形成一个印刷机组。

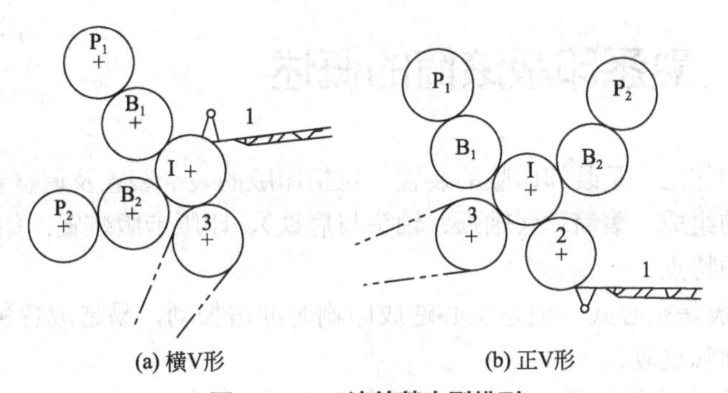

图2-4-4　五滚筒基本型排列

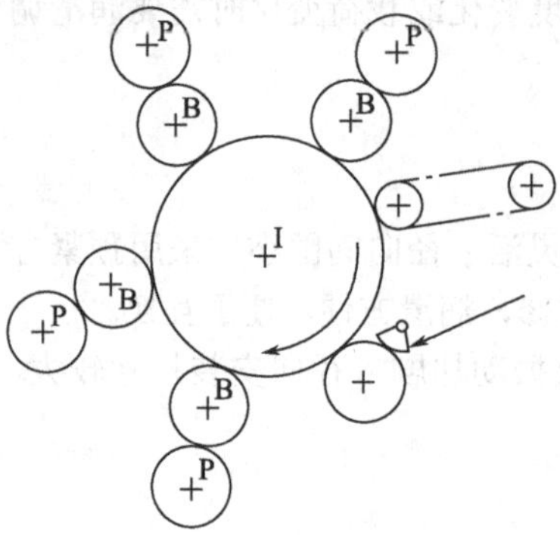

3. 卫星型

多个印刷色组（一般指三个以上）共用压印滚筒的排列形式称为卫星型，如图2-4-5所示。卫星型排列胶印机印刷时，纸张无交接过程，套印准确，常用于卷筒纸印刷机中，但结构紧凑，操作不便。

图2-4-5　卫星型排列

4. B-B型

B-B型是指两个或多个橡胶滚筒对滚而无压印滚筒的排列形式，如图2-4-6所示，单张纸B-B型胶印机一般都是单色双面胶印机，只有一个色组，同时印刷两面。两个色组以上的一般都是卷筒纸印刷机。

5. 倍径压印滚筒型

倍径压印滚筒型是指压印滚筒半径是橡胶滚筒的两倍及两倍以上，如图2-4-7所示，一般在单张纸胶印机中常见。

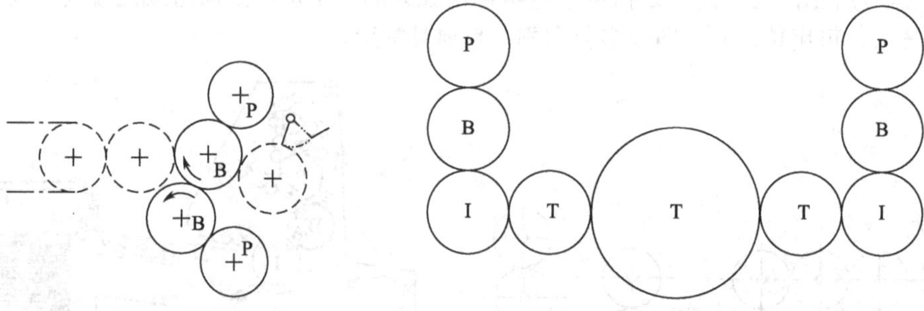

图2-4-6　B-B型排列　　图2-4-7　倍径压印滚筒胶印机

使用倍径压印滚筒可以有效地减少胶印机滚筒数量与纸张交接次数，压印时纸张曲度小，有利于厚纸印刷；压印线至纸张交接处弧长大于印张尺寸，有利于预防剥纸故障；但是滚筒体积大，滚筒有多副叼纸牙，结构相对复杂。

项目二　印版滚筒

任务一　熟悉印版滚筒的概述

（1）印版滚筒的作用　是装卸印版的装置，包括印版的装卡装置及调整装置。

（2）印版滚筒的组成　滚筒体（轴颈、轴头与肩铁）、印版卡版装置，如图2-4-8所示。

（3）印版滚筒的特点

① 印版滚筒一般是空心式，但是空心造成印刷时冲击振动，易造成各种故障。故滚筒空档处采用半径较大的圆弧过渡。

② 印版滚筒上装有校版装置，可以调整轴向、周向、斜向等。

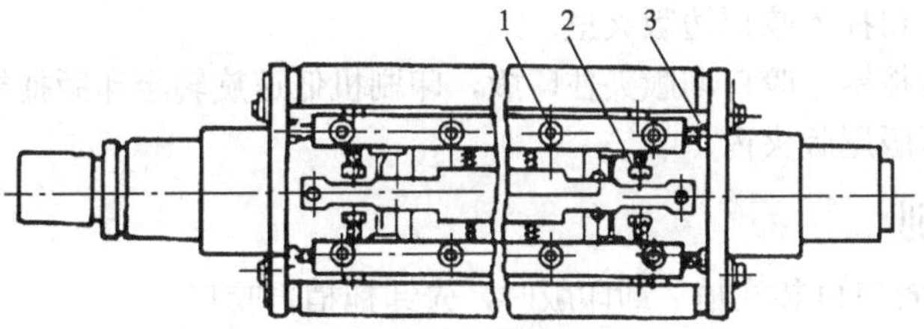

图2-4-8　印版滚筒

1—夹版螺钉；2—拉版螺钉；3—顶版螺钉

任务二　掌握印版滚筒的装夹

1.印版滚筒的印版卡版装置分类

（1）固定卡版装置　在印版滚筒空挡处装有上下两块同样的版夹，版夹上的夹版螺钉是用来夹紧印版的，拉版螺钉是用来拉紧印版的，顶版螺钉是用来使版夹来去移动的，撑簧是用来使版夹自动靠向滚筒体的，便于装版。

① 装版过程：点动机器达到叼口最佳装版位置→调节拉版螺钉使版夹水平→顶版螺钉居中→印版插入版夹槽→拧紧夹版螺钉（从中间向两端）→装衬垫、合压。

② 卸版过程：松开叼口夹版螺钉，再松开拖梢夹版螺钉，然后抓住印版反方向点动机器取出印版。

（2）快速卡版装置　就是利用定位销孔快速上版的装置。如图2-4-9所示，快速卡版机构由版夹底板、版夹压板、夹版螺钉和卡紧轴组成。压板可以夹版螺钉为支点转动，使其一边安装印版的叼口，为增加夹紧度，在其上面刻有横向沟纹；另一边半圆弧槽中装有卡紧轴，其轴铣成图示形状，轴的中间有一拨辊插孔。

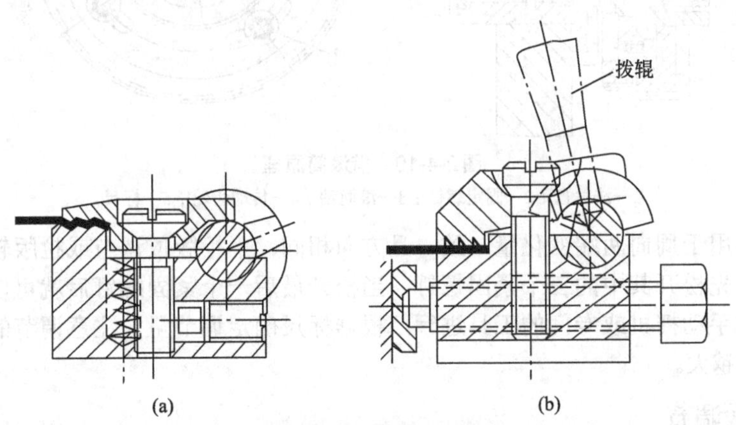

图2-4-9　快速卡版机构

装版时拨辊拨动卡紧轴，使其平面相对压板，版夹叼口松开，插入印版，然后拨动卡紧轴，使其圆柱面将右边压板顶起，压板叼口下压，将印版卡紧。在印版的厚度发生变化时，需要调整压板压力。

（3）自动卡版装置　就是固定的装版槽，直接装PS版的装置。装版过程如下：

① 按动装版定位按键，印版滚筒自动转到换版位置。

② 手工将印版咬口插入咬口边版夹里。

③ 按动印版卡紧按键，咬口印版夹住印版，印刷机低速旋转至印版拖梢处。

④ 印版拖梢压紧版尾版夹内。

2. 印版装卸原则

装印版时，先装咬口再装拖梢；卸印版时，先卸拖梢再咬口。

任务三　掌握印版滚筒的调节

印版滚筒的调节主要是校版，即改变图文在纸张上的位置。校版的措施有：借滚筒、手工印版、自动印版等。

1. 借滚筒

借滚筒一般指改变印版滚筒与其传动齿轮的周向位置，借滚筒的原理如图2-4-10所示，具有四个长孔的滚筒传动齿轮通过四个螺钉与法兰盘连接起来。法兰盘与滚筒通过销子固定在一起，松开螺钉，滚筒传动齿轮与法兰盘脱开，然后转动印版滚筒或转动齿轮都可以改变印版滚筒相对于橡胶滚筒的周向位置，从而实现借滚筒的目的。

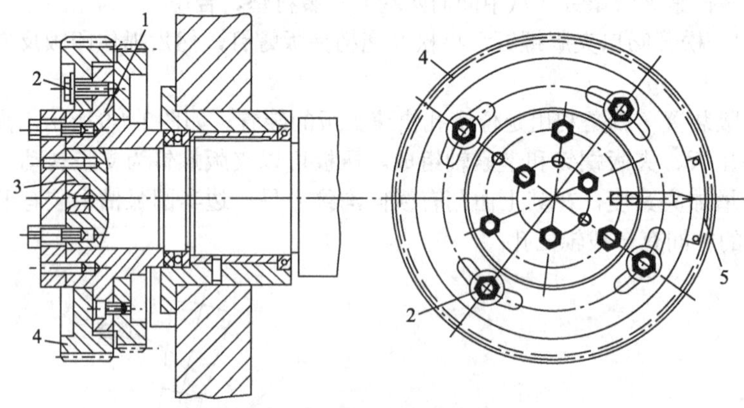

图2-4-10　借滚筒原理

1—法兰盘；2—固定螺钉；3—滚筒轴；4—传动齿轮；5—标尺

借滚筒主要用于周向两端变化量一致，且方向相同，平行版位调节或拉版较多时。借滚筒操作方法如下：先松开其中的三个紧固螺钉，当松开最后一个紧固螺钉后就可以进行调节。调节时，可以通过手动摇机或专门的工具进行，根据标尺确定调节量。注意调节的方向不能搞错了，否则会越调越大。

2. 手动印版调节

（1）印版周向位置调整　通过周向调节螺钉来实现。调节时将一个版夹上的拉紧螺钉松开一些，拧紧另一个版夹上的拉紧螺钉就可以实现印版圆周方向位置的变化，从而实现印版周向位置的调整。

（2）印版轴向位置调整　通过版夹两端的一对螺钉来实现。版夹两端均装有调节螺钉，其螺钉钉头顶在肩铁的侧面上。当进行印版轴向位置的调整时，首先松开一端拉紧螺钉，再拧紧另一个螺钉，就可以轴向移动印版版夹，达到调节印版轴向位置的目的。

（3）印版斜向位置调整　当印版斜向位置调整时，先松开预校正方向对面的周向拉紧螺钉，接着松开版夹两端的轴向调整螺钉，调整预校正方向对角线上的螺钉，把印版向预校正方向拉，直至调整位置满足套准要求。

3. 自动印版调节

自动印版调节主要用于微量改变印版滚筒的位置。

（1）周向微调　通过拉动印版滚筒齿轮来实现周向版位微调。调节量一般为 ±1mm。

（2）轴向微调　通过直接拉动滚筒作轴向移动来实现。调节量一般为 ±2mm。

（3）斜向微调　有的机器是拉动印版滚筒作水平转动，使印版滚筒中心线与橡胶滚筒不平行，不宜长期处于此状态。有的机器是不动滚筒。通过拉动版夹一端的高低位置来实现，原理类似于手工拉版。调节量一般为 ±0.2mm。

项目三　橡胶滚筒

任务一　熟悉橡胶滚筒的概述

（1）橡胶滚筒的作用　是将印版图文上的油墨接过来，并转移到印刷纸张上的间接油墨转移装置。

（2）橡胶滚筒的组成　滚筒体（轴颈、轴头与肩铁）、橡胶布装卡装置。

（3）橡胶布装卸原则　装印版时，先装咬口再装拖梢；卸印版时，先卸拖梢再咬口。

（4）橡胶滚筒的特性

① 橡胶滚筒一般是空心式，但是空心造成印刷时冲击振动，易造成各种故障。故滚筒空挡处采用半径较大的圆弧过渡。

② 橡胶滚筒上装有橡胶装置，调整橡胶布。

任务二　掌握橡胶布的装夹

单张纸胶印机橡胶布大多采用蜗轮蜗杆锁紧机构，如图2-4-11所示。橡胶布由两块夹板通过螺钉夹紧，橡胶布通过卡板卡紧在张紧轴上，张紧轴与蜗轮固定在一起，由蜗杆带动其转动，蜗杆还可用螺钉锁紧。

橡胶布的安装如图2-4-12所示。

① 先装好橡胶布版夹，或铝夹橡胶布。

② 松开橡胶布夹，包括咬口与拖梢处。

③ 挂好橡胶布咬口，并紧咬口一部分。

④ 夹好橡胶布衬垫，并保证平整。

⑤ 点动印刷机器，转至橡胶滚筒拖梢部。

⑥ 两人均匀用力卡紧卡夹内，并听到清脆的声音。

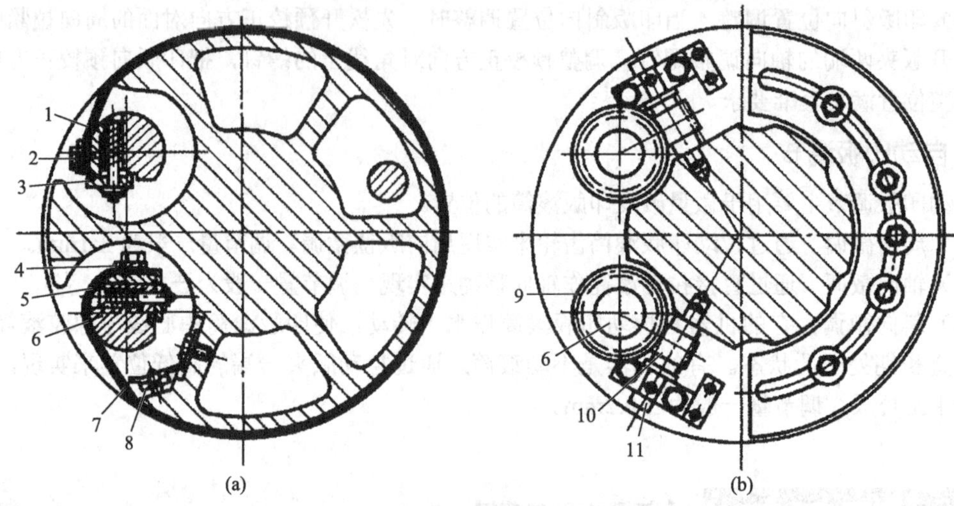

图2-4-11 橡胶布装夹机构

1—压簧；2—螺钉；3—卡板；4, 5—橡胶夹板；6—张紧轴；7—弹性钢片；8—衬垫夹板；9—蜗轮；10—蜗杆；11—锁紧螺钉

图2-4-12 橡胶布的装夹

⑦ 用套筒拧紧，并分别咬口与拖梢部，先后不断紧，直到锁紧。

⑧ 合压转几转，再拧紧橡胶布。

⑨ 印刷一段时间后，再拧紧橡胶布。

项目四 压印滚筒

任务一 熟悉压印滚筒的概述

（1）压印滚筒的作用 是纸张印刷时的支承面，同时将纸张从递纸装置传至传纸滚筒或收纸滚筒。

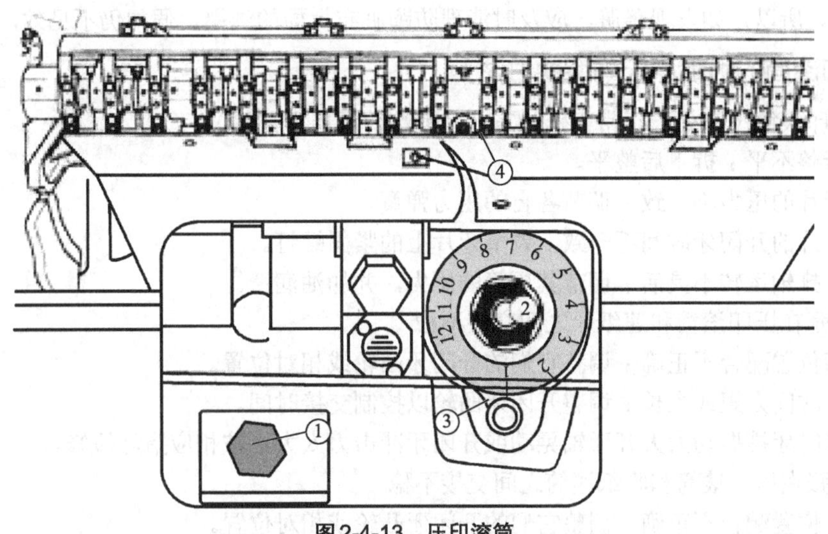

图2-4-13　压印滚筒

（2）压印滚筒的组成　滚筒体、咬纸张咬牙装置及调节装置。

（3）压印滚筒的特性

① 压印滚筒一般是实心式。

② 压印滚筒表面要求：粗糙度、耐磨性、耐腐蚀性要求高。

③ 压印滚筒表面现在采用镀铬或喷涂陶瓷材料的做法，保证压印滚筒表面要求。

任务二　了解压印滚筒的调节

1. 压印滚筒的调节规范

① 压印滚筒的牙垫应齐平。

② 咬纸力要均匀，可用纸张的压痕来判断咬力的大小。

③ 压印滚筒的表面要清洁，不用时表面要擦上防锈油。

④ 要防止异物掉进机器里面，造成滚筒表面损伤。

⑤ 压印滚筒的开闭牙时间要准确，时间不对可调开闭牙凸轮。

2. 压印滚筒的保养

① 在印刷过程中，纸张不能在其牙排内滑动，这就要求其咬力必须大到纸张不能滑动为止。

② 使纸张不能滑动的另一个要素是牙垫的摩擦因数，摩擦因数越大，纸张滑动的可能性越小。加大摩擦因数比增加牙片压力的好处大得多，因为它没有增大开闭牙的冲击力。所以如果发现牙垫的摩擦面被破坏应及时修补，切记不可盲目地增加牙片的压力。

③ 这里要提醒的是，在日常生产中要特别注意清洁牙垫和牙片，特别是牙排两边经常咬不到纸的牙垫和牙片不能有脏污，否则影响纸张的拖力而引起套印不准或皱纸现象。

④ 对压印滚筒的开牙轴和开牙球的要求同上，只不过对其要求更严格一些，因为它的受力比上述要大得多。

⑤ 后传纸滚筒参与了后半过程的印刷，因此对其要求同压印滚筒一样。后传纸滚筒和压印滚筒不同的是其表面应装有防蹭脏装置。防蹭脏装置用过一段时间后，其表面积墨增多，反而

会带来脏污。所以，如发现蹭脏，应及时清理防蹭脏布上面的油墨。假如仍不见效，则需更换。

3.压印滚筒的故障原因与解决办法

（1）压印滚筒没有处于正常工作状态（其他滚筒同压印滚筒）

① 其牙整不平：拆下后整平。

② 其牙片的压力不一致：调节各自的压力弹簧。

③ 其牙片的开闭牙时间不一致：调节牙片上的紧固螺钉。

④ 其牙排轴运转不灵活：调节其压簧的压力，并加油润滑。

（2）纸张在压印滚筒和速纸牙之间交接不稳

① 交接位置配合不正确：调整它们的开闭牙凸轮或相对位置。

② 交接时间太短或太长：调整开闭牙凸轮以控制交接时间。

③ 交接时牙排振动太大开牙轴晃动或开闭牙冲击力太大，按相应措施检修。

（3）纸张在压印滚筒和收纸滚筒之间交接不稳

① 交接位置配合不正确：调整它们的开闭牙凸轮或相对位置。

② 交接时间太短或太长：调整开闭牙凸轮以控制交接时间。

③ 交接时牙排振动太大、开牙油晃动或开闭牙冲击力太大：紧固链条或调整其开闭牙的冲击力。

项目五 滚筒中心距的调节

任务一 掌握滚筒中心距调节机构的原理

1.滚筒中心距调节原理

（1）偏心轴承式　现代国产胶印机滚筒的离合压及中心距的调节大多采用偏心机构来实现，其优点是结构简单、调节方便、准确可靠，但加工困难。

偏心轴承工作原理如图2-4-14所示，将一根轴偏心地置于轴承的孔中，且轴心O_1和轴承的转动中心O在同一水平线上，偏心距为ρ。若使偏心轴承绕其圆心O转动一个角度α，则轴心O_1的

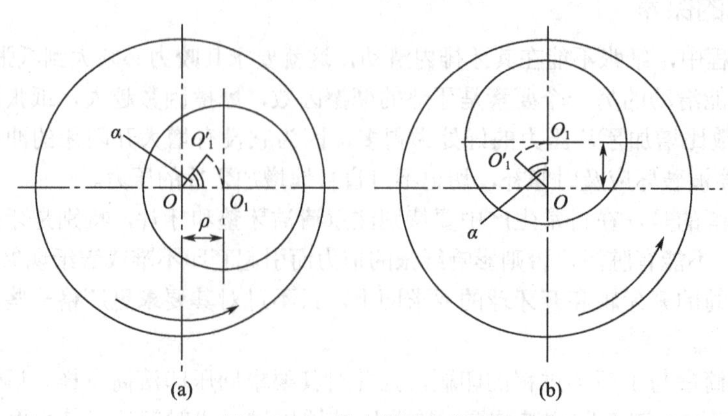

图2-4-14　偏心轴承工作原理

位置就会相应变动。这就是偏心机构的基本工作原理。说明轴心的水平位移和垂直位移，不仅与偏心轴承的转角α和偏心距ρ有关，而且与轴心O_1和轴承转动中心O的周向相对位置有关。所以胶印机上用于调整滚筒中心距（调压）和实现滚筒离合压的偏心机构，根据滚筒排列形式，滚筒轴心和偏心轴承中心的周向位置排列有各种不同的要求。

国产胶印机在印版滚筒两轴端处各装有一套偏心轴承，其主要目的是调节印-橡之间的中心距，而在橡胶布滚筒两轴端处各装有两套偏心轴承，其外偏心轴承是调节橡-压的中心距，而内偏心轴承则是用来控制滚筒离合压的。

（2）三点支承式（亦称三点悬浮式） 所谓三点支承就是在滚筒轴的两端各由三个支撑点支撑着滚筒。如图2-4-15所示：滚筒轴5安装在滚动轴承中，滚动轴承又安装在轴承套4中，轴承套4由两个偏心滚轮1、2和滚轮3三个滚轮支撑着。

三点支承式的结构，不但避免了偏心套加工的困难，而且对墙板孔几乎没有精度要求。该结构的缺点是安装、调节困难，抗震性能差。

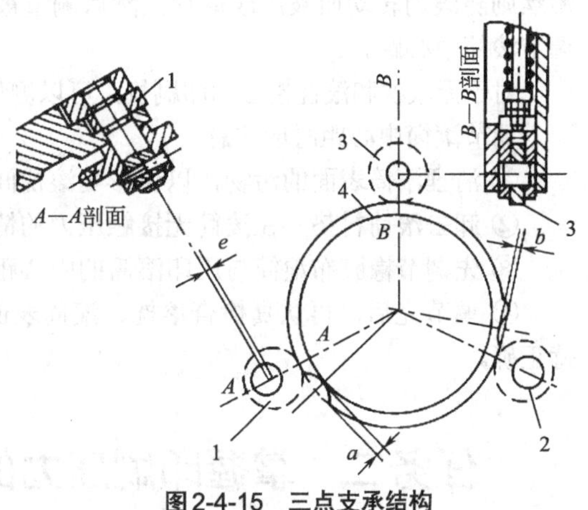

图2-4-15 三点支承结构

1, 2—偏心滚轮；3—滚轮；4—轴承套；5—滚筒轴

2.滚筒中心距的调节机构

国产胶印机滚筒中心距的调节机构通常称为“调压器”。如图2-4-16所示，上面一组为印版滚筒的调压器，下面一组为橡胶布滚筒的调压器，结构基本相同，调节时，人工转动轴1，经螺杆2传动另一轴上的斜齿轮3，使扇形齿轮4转动。齿轮4与偏心套5固定在一起转动，从而达到调节滚筒中心距的作用。为了提高调节的精确度，必须使啮合齿轮的齿隙尽可能减少。锁紧螺钉6在调节前应松开，调节后则锁紧。

调节刻度指示牌上（−）方向表示中心距增大，（+）方向则表示中心距减小。

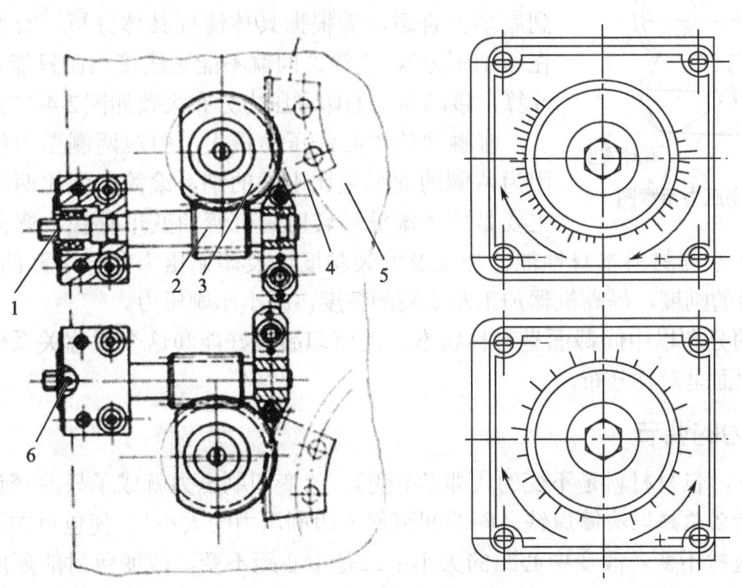

图2-4-16 中心距调节机构

1—轴；2—螺杆；3—斜齿轮；4—扇形齿轮；5—偏心套；6—锁紧螺钉

3.滚筒中心距的测量和调节方法

国产胶印机通过测量滚筒滚枕的间隙，在保证齿轮的正确啮合关系上确定其中心距，测量滚筒滚枕间隙一般都用厚薄规或软铅丝。实践证明，采用软铅丝轧压测量较准确，而且两边滚枕同时轧压铅丝效果更好。用铅丝测量时，把铅丝放在已合压的滚枕间隙部位，低速转动机器，铅丝则随滚筒转动而被压成薄片，然后测量被压成薄片的铅丝厚度，再参照说明书给定的数值，调节滚筒中心距。

对于无滚枕和滚枕接触的印刷机，可以测量两个滚筒体的间距，测量间距可用专用塞规测定。

调节滚筒中心距时应注意：

① 清理滚筒表面的污物，以免影响滚枕间隙测量的准确性。

② 卸去滚筒衬垫，在滚筒无接触压力的情况下进行实测。

③ 先调节橡胶布滚筒与压印滚筒的中心距，再调节印版滚筒与橡胶布滚筒的中心距。

④ 调节完后，再认真检查滚枕、滚筒表面任意三点间隙，务必使滚筒的中心距和平行度保持正确。

任务二　掌握印刷压力的计算及调节

1.印刷压力的形成原理

印刷压力是以接触面的压缩量体现出来的。一般情况下，刚性滚筒的变形量与包衬的变形量相比都可忽略不计，因此通常就用包衬的变形量来表示印刷压力P

$$P=EL \quad （E为弹性模量，L为压缩量）$$

由上式可以看出，印刷压力与材料本身的性能及受压时的变形量成正比关系。因此同样的变形量，不同材料的包衬，其印刷压力是不一样的，纸张也存在着类似的问题。所以用保险丝测出的压力值只能作为参考，到底多大合适，需根据具体情况具体分析。有变形量存在（即在印刷压力），滚筒之间就不能是线接触而只能是面接触。通过计算，接触面上的印刷压力分布大致如图2-4-17所示。

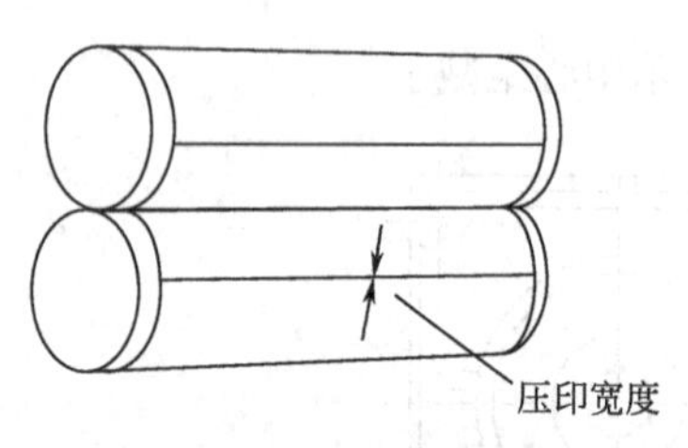

图2-4-17　印刷压力示意图

接触面的中心线压力最大，中线两侧压力依次减小，这是因为两侧的变形量比中间的小，滚筒中间比两端的压力小，这主要是因为滚筒运转时，有弯曲变形存在。弯曲越小压力就越均匀。弯曲的大小与材料本身性能、加工及安装精度以及印刷压力是分不开的。要减小弯曲，只能是加大滚筒的刚度，提高机器加工及安装的精度，减小印刷压力。

印刷压力的分布以中间截面呈对称状态，因而印品最好能和这个对称关系保持同步，即以同样一个中间截面呈对称分布。

2.印刷压力的调节

一般情况下，包衬材料是不变的（即E不变），改变印刷压力就成了只改变包衬压缩量的大小（这就是为什么总是以滚筒肩铁之间的间隙代表印刷压力的大小）。使包衬的压缩量改变有两种方法：一是包衬不变，改变中心距的大小；二是中心距不变，改变包衬的厚度。改变中心距可由专用的调压机构来进行；改变包衬的厚度，只有打开包衬才行，很麻烦。从齿轮传动的角度来看，齿轮最好啮合在分度圆位置，中心距一动，这个位置就会变化，从而影响传动的平稳性。所以理想的情况下是不动中心距，改变包衬的厚度来调印刷压力。但是由于印刷纸张虽然经常变化，其厚度差别一般则很小，只要中心距做微量的调整即可。这个变动也是渐开线齿轮所许可的，不过其调整的幅度是有限的。如印厚纸，就不能只调中心距，需要同改变衬垫的厚度结合起来。综上所述，不动中心距是不可能的，但是最好不大动。如印刷压力不足，可通过改变衬垫的厚度来弥补。印刷压力的大小可通过计算求出，如图2-4-18所示。

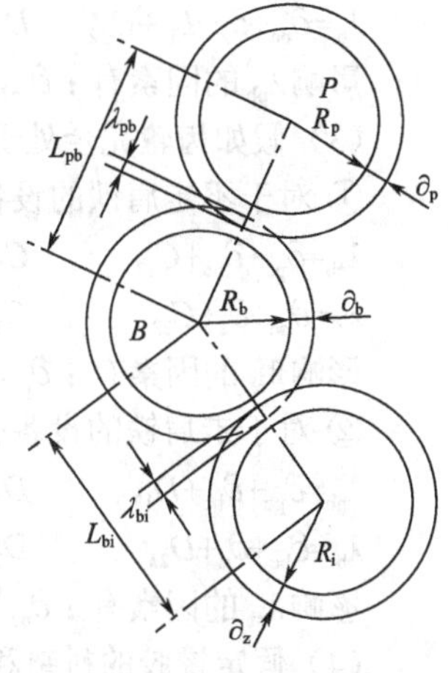

图2-4-18 滚筒与包衬示意图

用包衬的压缩量表示印刷压力，即$\lambda=R_1+R_2-L$；L增大，即中心距增大，λ减小；L减小，即中心距减小，λ增大。

R_2、R_1增大，即包衬厚度增大，λ增大；R_2、R_1减小，即包衬厚度减小，λ减小。改变包衬厚度的大小，通常就是用加纸或减纸。

上面是通过R_1、R_2和L的值来求λ，同样也可通过λ来求R_1、R_2和L，即：

$$R_1=\lambda+L-R_2\text{；}R_2=\lambda+L-R_1\text{；}L=R_1+R_2-\lambda$$

实际过程中经常用到的并不是具体的R_1、R_2和L的值，而是纸张的厚度（∂_z）、橡胶衬垫的厚度（∂_{bc}）、橡胶的厚度（∂_b）、印版的厚度（∂_p）、印版衬垫的厚度（∂_{pc}），如图2-4-18所示，令R_i、R_b分别表示各滚筒体的半径，L_{pi}、L_{pb}分别表示压印滚筒和橡胶滚筒之间的中心距、印版滚筒与橡胶滚筒的中心距，λ_{bi}表示橡胶滚筒和压印滚筒之间的压缩量，λ_{pi}表示印版滚筒和橡胶滚筒之间的压缩量，于是有：

$$\lambda_{pb}=R_p+\partial_{pc}+\partial_p+R_b+\partial_{bc}+\partial_b-L_{bp}$$
$$=\partial_{pc}+\partial_{bc}+\partial_b-L_{bp}+R_p+R_b$$
$$\lambda_{bi}=R_b+\partial_{bc}+\partial_b+R_i+\partial_z-L_{bi}$$
$$=\partial_{bc}+\partial_b+\partial_z-L_{bi}+R_b+R_i$$

（1）在一般情况下

① 对于不走肩铁的设备有：

$\lambda_{pb}=\partial_{pc}+\partial_p+\partial_{bc}+\partial_b-L_{bp}+C_{11}$　　$C_{11}=R_p+R_b$

$\lambda_{bi}=\partial_b+\partial_{bc}+\partial_z-L_{bi}+C_{21}$　　$C_{21}=R_b+R_i$

影响λ_{pb}的因素有：∂_{pc}，∂_p，∂_{bc}，∂_b，L_{bp}；影响λ_{bi}的因素有：∂_{bc}，∂_b，∂_z，L_{bi}。

② 对于走肩铁的设备有（印版和橡胶滚筒之间走，橡胶滚筒和压印滚筒之间不走）：

$\lambda_{pb}=\partial_{pc}+\partial_p+\partial_{bc}+\partial_b+D_{11}$　　$D_{11}=R_p+R_b-L_{bp}$

$\lambda_{bi}=\partial_{bc}+\partial_b+\partial_z-L_{bi}+D_{21}$　　$D_{21}=R_b+R_i$

影响λ_{pb}的因素有：∂_{pc}，∂_p，∂_{bc}，∂_b；影响λ_{bi}的因素有：∂_{bc}，∂_b，∂_z，L_{bi}。

（2）假定橡胶布的厚度（∂_b）和印版的厚度（∂_p）都为常量

① 对于不走肩铁的设备有：

$$\lambda_{pb}=\partial_{pc}+\partial_{bc}-L_{bp}+C_{12}$$
$$C_{12}=C_{11}+\partial_p+\partial_b$$
$$\lambda_{bi}=\partial_{bc}+\partial_z-L_{bi}+C_{22}$$
$$C_{22}=C_{21}+\partial_b$$

影响λ_{pb}的因素有：∂_{pc}，∂_{bc}，L_{bp}；影响λ_{bi}的因素有：∂_{bc}，∂_z，L_{bi}。

② 对于走肩铁的设备有：

$\lambda_{pb}=\partial_{pc}+\partial_{bc}+D_{12}$　　$D_{12}=D_{11}+\partial_p+\partial_{bL}$

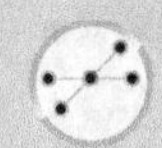

$\lambda_{bi}=\partial_{bc}+\partial_z-L_{bi}+D_{22}$　　$D_2=D_{21}+\partial_b$

影响λ_{pb}的因素有：∂_{pc}，∂_{bc}；影响λ_{bi}的因素有：∂_{bc}，∂_z，L_{bi}。

（3）假如齿轮完全处于标准啮合状态，其他条件同（2）。

① 对于不走肩铁的设备有：

$\lambda_{pb}=\partial_{pc}+\partial_{bc}+C_{13}$　　$C_{13}=C_{12}-L_{bp}$

$\lambda_{bi}=\partial_{bc}+\partial_z+C_{23}$　　$C_{23}=C_{22}-L_{bi}$

影响λ_{pb}的因素有：∂_{pc}，∂_{bc}；影响λ_{bi}的因素有：∂_{bc}，∂_z。

② 对于走肩铁的设备有：

$\lambda_{pb}=\partial_{pc}+\partial_{bc}+D_{13}$　　$D_{13}=D_{12}$

$\lambda_{bi}=\partial_{bc}+\partial_z+D_{23}$　　$D_{23}=D_{22}-L_{bi}$

影响λ_{pb}的因素有：∂_{pc}，∂_{bc}；影响λ_{bi}的因素有：∂_{bc}，∂_z。

（4）假定橡胶的衬垫和印版滚筒的衬垫都不变，其他条件同（2）。

① 对于不走肩铁的设备有：

$\lambda_{pb}=C_{14}-L_{bp}$　　$C_{14}=C_{12}+\partial_{pc}+\partial_{bc}$

$\lambda_{bi}=C_{24}+\partial_z-L_{bi}$　　$C_{24}=C_{22}+\partial_{bc}$

影响λ_{pb}的因素有：A_{bp}；影响λ_{bi}的因素有：∂_z，L_{bi}。

② 对于走肩铁的设备有：

$\lambda_{pb}=D_{14}$　　$D_{14}=D_{12}+\partial_{pc}+\partial_{bc}$

$\lambda_{bi}=D_{24}+\partial_z-L_{bi}$　　$D_{24}=D_{22}+\partial_{bc}$

影响λ_{bi}的因素有：∂_z，L_{bi}；L_{pb}为定值。

上述四种情况中（1）中影响力的因素是最全的，但是实际中可调的因素并不总是那么多。这种情况只有在大修或调试机器的时候用得上。（3）中影响压力的因素是排除了中心距的影响，即使齿轮的相对关系始终保持不变，这对机器的平稳运转是非常有利的，但这种情况在实际过程中也很难实现。相对来说用得最多的是（2）、（4）两组公式。

从上面的公式可以看出，λ_{pb}或λ_{bi}与它们的影响因素之间都是线性关系，即影响因素增大或减小多少，λ_{pb}或λ_{bi}也随之变化多少。从（1）中分析可以看出，纸张的厚度（∂_z）、橡胶滚筒和压印滚筒之间的中心距（L_{bi}）只影响橡胶滚筒和压印滚筒之间的压力；印版的厚度（∂_p）、印版衬垫的厚度（∂_{pc}）及印版滚筒和橡胶滚筒之间的中心距（L_{bp}）只影响橡胶滚筒和压印滚筒之间的压力；而橡胶布的厚度（∂_b）和其衬垫的厚度（∂_{bc}）对两处的压力都有影响。这对调节印刷压力有指导意义。当只需改变压印滚筒和橡胶滚筒之间的压力时，可调节中心距（L_{bi}）或更换纸张，更换纸张实际上是不可能的，所以最常用的是改变滚筒的中心距，但中心距的改变应考虑纸张厚度的影响。当只需改变橡胶滚筒和印版滚筒之间的压力时，调节中心距（L_{pb}），或更换印版，或更换印版衬垫的厚度，更换印版实际过程中遇到的很少，调节中心距用得也不多，主要原因是橡胶和印版之间只有油墨，而油墨基本上都是一致的。所以相对常用的是改变印版下面衬垫的厚度。当两处的压力都需要调整时，可改变橡胶布的厚度或其下面衬垫的厚度。当两处的压力都需要调整时，可改变橡胶布的厚度或其下面衬垫的厚度，改变橡胶布的厚度实际过程上很少遇到。

通常用的都是改变其下面衬垫的厚度。把上述分析总结一下：①只调节橡胶滚筒和压印滚筒之间的压力时，最常用的是调节两滚筒之间的中心距；②只调节印版滚筒和橡胶滚筒之间的压力时，最常用的是改变印版下面的衬垫厚度；③两处的压力都需要调节时，最常用的是改变橡胶滚筒下面的衬垫厚度。

3.最佳印刷压力

在实际过程中，印刷压力必须能够保证油墨的良好转移，因此存在着一个最佳印刷压力的选择问题。最佳印刷压力应该是：印迹齐全、平整光洁、层次分明、色彩鲜艳、变形最小。要获得最佳印刷压力，就必须使纸张、油墨、润版液、印版、印刷设备、印刷工艺、印刷环境和包衬八大因素处于最佳的适性状态。

从纸张的角度来讲，不同的纸张，λ_{bi}的值是不一样的，铜版纸所需的λ_{bi}小，胶版纸所需的λ_{bi}大。因为胶版纸的表面粗糙度大，不增大λ_{bi}，有的地方就有可能印不上，而铜版纸表面的粗糙度小，λ_{bi}一大，印迹的变形增加得较快，很容易糊版。

从水墨平衡的角度来看，水墨平衡是印品质量的保证。印刷压力越大，印迹铺展的可能性就越大，需要更多的水来阻挡油墨的扩展。所以印刷压力变化，水墨平衡也随之而变。

从印刷设备的角度来看，印刷压力越小，周期性的冲击和振动就越大。只考虑印刷设备的话，印刷压力应为零，但实际上这是不可能的。

从印刷工艺的角度来讲，第一色油墨的转移效果最好，后续色的转移效果越来越困难。根据油墨的分离规律，越往后λ_{bi}的值应该越大，从油墨的角度看，油墨越黏，压力越大；油墨越稀，压力越小。

从印版的角度来看，其表面应有良好的亲水性，图文的地方应有良好的亲墨、斥水性，再一个就是阻碍印迹的变形。从这一点看，平凹版比平凸版要好一些。从印刷环境来看，环境中的温湿度变化时，纸张、油墨和润版液都会受到影响，从而导致压力的变化。

综上所述，最佳印刷压力的调节方法是，使齿轮处于标准啮合状态，通过改变衬垫的厚度来达到最佳的印刷适性。

印厚纸时，最佳印刷压力的调节方法是：

① 减少橡胶滚筒下面的衬垫的厚度；

② 增大印版滚筒下面的衬垫厚度；

③ 微量差别的话，可通过中心距的变动来弥补。

项目六 滚筒离合压机构

合压是指印版滚筒、橡胶滚筒、压印滚筒三者之间相互接触并产生一定的作用力的状态；离压是指印版滚筒、橡胶滚筒、压印滚筒三者之间不接触的状态。因此，离合压必须移动滚筒位置来实现。

任务一 熟悉离合压概述

（1）离合压部件的作用

① 保证在合压状态下，在印刷压力下保证印刷图文转移。

② 保证在离压状态下，防止滚筒长久接触造成印版损坏、橡胶布永久变形或印刷故障带来带来对印刷装置的不良影响。

（2）离合压部件的组成 离合压执行机构与离合压传动机构。

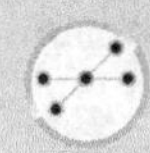

（3）离合压部件的要求

① 离合压工艺动作应遵循印刷机印刷工艺要求、印刷机构工作原理及机构运动规律，离合压时间、位置均满足印刷工艺要求，保证不出“半彩半白”、背面粘脏等印刷故障。

② 印刷机出现故障后，印刷滚筒应能自动离压，防止印刷故障对印刷机精度的影响、

③ 离合压时机构运动平稳、无冲击现象，合压机构能自锁，保证压力稳定。

（4）离合压部件的离合压时间

① 离合压时间是指当给出离合压指令后，离合压机构驱动印刷滚筒离压、合压的时间。

② 离合压方式类型：同时离合压与顺序离合压两种。

任务二　掌握离合压的原理

离合压的方式有两种：一种是同时离合压；另一种是顺序离合压。

根据滚筒的排列可以看出：同时离合压，即橡胶滚筒、压印滚筒和印版滚筒同时接触和分离，滚筒的缺口必须和滚筒的排列角一样大，防止第一张纸一半印上，一半印不上。滚筒的排列角一般占滚筒的三分之一以上，这样大大地降低了滚筒表面的利用率。要完成大幅面的印刷，必须增大滚筒的直径。滚筒的直径越大，带来的问题就越多，此处不详叙，这种结构现已被淘汰。

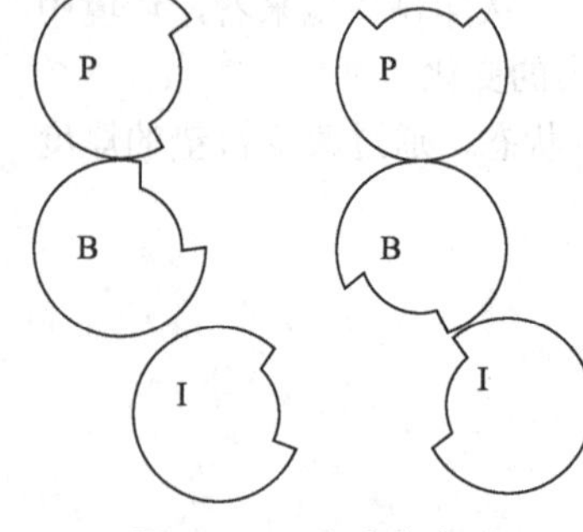

图2-4-19　顺序离合压

顺序离合压，即橡胶滚筒先同印版滚筒合压，后同压印滚筒合压；离压时，先同压印滚筒离压，后同印版滚筒离压。总括一句话，不管合压还是离压，其动作都是按顺序进行的。以顺序合压为例，当橡胶滚筒与印版滚筒合压时，橡胶滚筒的缺口刚好与印版滚筒的缺口相对，如图2-4-19所示。

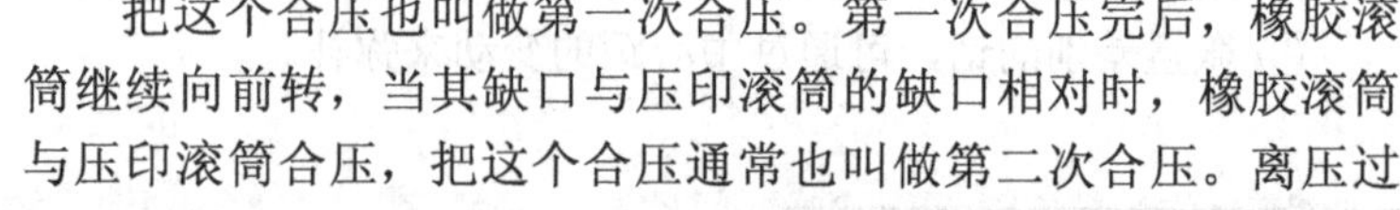

把这个合压也叫做第一次合压。第一次合压完后，橡胶滚筒继续向前转，当其缺口与压印滚筒的缺口相对时，橡胶滚筒与压印滚筒合压，把这个合压通常也叫做第二次合压。离压过程相反，把橡胶滚筒与压印滚筒的离压叫做第一次离压，而橡胶滚筒与印版滚筒的离压叫做第二次离压。这样滚筒上的缺口与滚筒的排列角没有任何关系，因此其缺口可以做得尽可能小，从而可以缩小滚筒的直径。缩小滚筒的直径会带来很多益处，所以目前几乎所有的印刷机采用的都是顺序离合压。

离合压时，为了使其滚筒能迅速进入稳定状态开始印刷，一般情况下，离合压时都有一个提前角，这个角度基本上都在10°左右。

任务三　熟悉离合压机构的类型与调节

离合压机构一般分为两种：一种是三点悬浮式的，另一种是偏心套式的。

1.三点悬浮式的离合压机构

三点悬浮式的离合压机构采用三点支承滚筒，如图2-4-20所示：1、2在离合压时为固定点，当凸套与1、2接触位置变化时，橡胶滚筒轴5的轴心线与1、2之间的距离就发生变化，从而实现了离合压。下面分析这三点的作用及工作原理。

1点是用来调滚筒中心距的，是由一个偏心轴加一个轴承外环构成的。当偏心轴的位置变化时，其轴承外环的位置也变化，则滚筒的轴心也随之而变。使用轴承外环关键是把滑动摩擦改为滚动摩擦，减少磨损和功率损耗。此偏心轴的运动一般都是靠蜗轮蜗杆机构带动的。除了这一点外，另外一点还有支撑滚筒和承受部分印刷压力的作用。因此这三点中，1点是最粗的，即使出现故障也不允许其断裂。

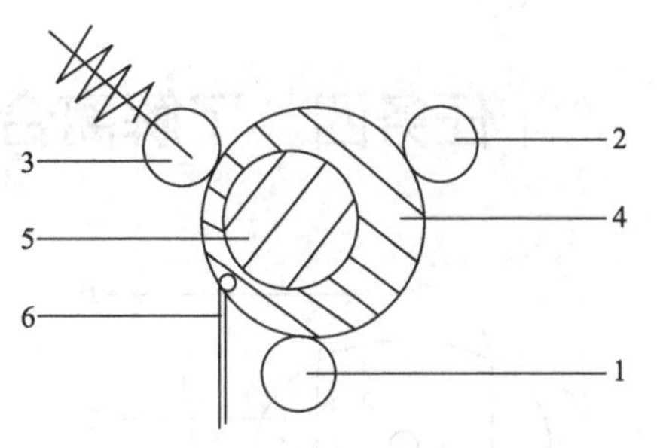

图2-4-20　三点悬浮式离合压机构

1, 2—偏心结构；3—圆轮加弹簧；4—凸套；5—橡胶滚筒轴；6—连杆

2点是用来给凸套4定位用的，即凸套每处于一个新的位置时，该点则保持使凸套在新的位置上不再继续向右运动。由于该点只起一个定位作用，需要的力很小，所以其轴相对来说细一些。正因如此，该点还能起到保护作用，当机器受到较大的冲击时，该点为薄弱环节，首先折断，避免其他部件进一步损坏。除了上述的作用外，该点的另一个重要作用就是调压作用。该点的结构和1点的结构基本上一样，也是一个偏心轴承加一个轴承外环。当偏心轴的位置变化时，凸套4与该点的接触位置好发生变化，从而改变了滚筒的位置，实现了调压。

该偏心轴的运动一般都是用齿轮带动的，即把偏心轴与扇形齿轮的轴装在一起，再用一个小齿轮带动这个扇形齿轮转动。正常工作时，由于偏心轴本身自锁，即离合压时，齿轮不会转动。

3点是用来使滚筒复位用的，即使滚筒在每一新的位置上都能保持稳定。3点的结构是由一个强力弹簧加一个圆轮组成的。当凸套4离开圆轮时，弹簧就伸长使圆轮与凸套继续保持接触，当凸套推动圆轮运动时，弹簧就压缩。不管凸套的位置有何变化，3点总是与凸套接触，因此总是能满足平面三点定位原理的，这个定位关系必须绝对保证。除了上述的作用外，3点的弹簧还有缓冲吸振的作用，从而使机器运转更加平稳。

三点悬浮式离合压机构几乎对墙板孔没有任何要求，这给墙板孔的加工带来了很大的方便。压力调节环节少，准确性高，而且调节方便。由于有薄弱环节的存在，能够起到保护机器的作用，但是这种离合压机构的安装和调试都很麻烦，没有专用的工具和丰富的经验，很难保证其精度。由于只有三点接触，接触面比较小，因此抗冲击能力差，不适于大的印刷压力。

2.偏心套式的离合压机构

如图2-4-21所示，离合压时，连杆4推动偏心套2转动。偏心套2的外圆不动，而且与和墙板3的圆心重合，但偏心套2内孔的圆心位置却在变化。由于内孔的圆心与橡胶滚筒的轴心重合，所以橡胶滚筒的轴也随偏心套内孔的位置变化而变化，改变了橡胶滚筒轴1与印版滚筒和压印滚筒之间的距离，从而实现了离合压。

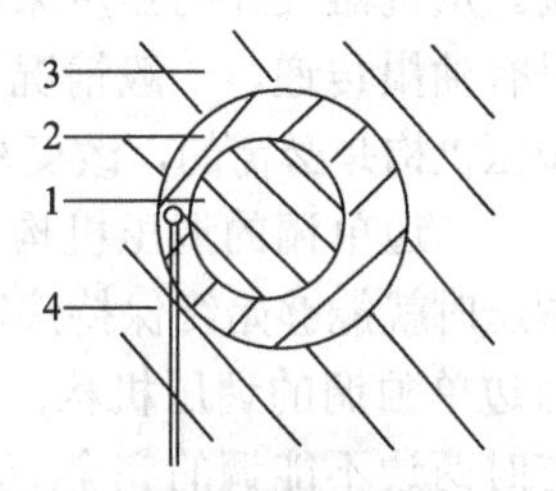

图2-4-21　偏心套式离合压机构

1—橡胶滚筒；2—偏心套；3—墙板；4—连杆

偏心套式的离合压机构由于偏心套2与墙板3的接触面积比较大，所以其抗冲击的能力强，而且偏心套内外都呈圆形，因此比凸套过渡更加平稳，其离合压时冲击小。这种离合压机构对墙板的要求相当高，给墙板的加工带来了很大的困难。由于偏心套的偏移量增加要比凸套的偏移量增加得要慢，因此偏心套式的离合压机构需要更大的运动空间，这给墙板上其他部件的安装带来了很大不便。这种结构的另一个缺点是没有薄弱环节存在，因此受到意外冲击时，轴和墙板孔都要受到损伤。

任务四 了解离合压动力机构

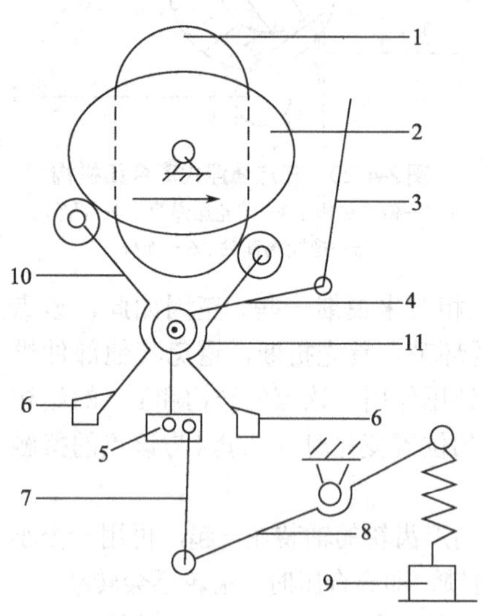

图2-4-22 离合压动力机构

1—合压凸轮；2—离压凸轮；3, 7—连杆；4—主动杆；5—撑牙；6—撑垫；8—摆杆；9—电磁铁；10—离压摆杆；11—合压摆杆

如图2-4-22所示，合压时，连杆7推动撑牙5向上与撑垫6接触，合压凸轮推动摆杆11摆动，同时使撑牙5与主动杆4一起摆动，从而带动连杆3向下运动，实现合压。离压时，电磁铁放开摆杆8，使其上升，则撑牙5脱离与合压摆杆11上的撑垫6接触，而开始与合压摆杆10上的撑垫接触。离压凸轮2推动离压摆杆10摆动，使撑牙5与主动杆4一起摆动，从而带动连杆3向上运动，实现离压。

离合压机构只允许有两种状态存在：一种是合压状态，另一种是离压状态，不允许出现既不合压又不离压的模棱两可的状态。

顺序离合压的顺序不能改变，合压凸轮的第一高点推动橡胶滚筒和印版滚筒合压，第二点推动橡胶滚筒与压印滚筒合压；而离压凸轮的第一高点推动橡胶滚筒与压印滚筒离压，第二点推动橡胶滚筒与印版滚筒离压。由于橡胶滚筒与印版滚筒的离压量与其与压印滚筒的离压量不一样，后者要稍微大一些，因此离压凸轮和合压凸轮的轮廓曲线也有所差别。

任务五 掌握离合压调压机构

调压机构的作用就是改变滚筒的中心距，即橡胶滚筒与印版滚筒的中心距，橡胶滚筒与压印滚筒的中心距。调压机构的动作都是单独进行的，即每一套机构只负责调节一处的中心距。调压机构有的机器上有一套，有的机器上有两套；有的机器上两边一起调，有的两边单独调。带有一套调压机构的机器，只能调节橡胶滚筒和压印滚筒之间的中心距，另一处的中心距都能调。从机器设计的角度来看，带有两套调压机构的意义并不大，因为橡胶滚筒与印版滚筒之间只有油墨传递，一般情况下一次调好后，可很长时间不需要调整。橡胶滚筒和压印滚筒之间的调压机构是必需的，改变衬垫很麻烦，而动一下中心距则很方便。

一边单调的调压机构（即在一边调节，两边的调压机构同时工作），只要机器的精度保证，调压时就能够始终保持滚筒轴线平行，但在墙板间需要一个传动轴把两边的调压机构连在一起。两边单独调的调压机构，即两边的调压机构单独进行调节，互不影响。由于人为因素的存在，有时两边不能调的完全一样，这对机器的工作很不利，所以这种结构在新的机器上已逐步开始淘汰。调压机构和离合压机构一样，也是通过改变凸套或偏心套的位置来实现调节滚筒中心距的。三个滚筒中压印滚筒的轴心线是不动的，因此能调的只能是橡胶滚筒和印版滚筒，印版滚筒的轴心位置的变化只影响其和橡胶滚筒之间的中心距，而橡胶滚筒的位置变化时对两滚筒的中心距都可能有影响，因此在设计时，总是想办法使调节橡胶滚筒和压印滚筒的中心距对另一中心距影响最小或无任何影响。调压机构上安装的限位装置就决定了凸套或偏心套所移动的最大幅度。一旦超出这个范围，两个中心距之间的相互影响就会显著增大。

任务六　熟悉离合压限位装置

离合压机构的限位装置是保证离合压机构始终工作在有效的范围内的一个重要装置。没有此装置，合压时，由于机构的惯性，就有可能超过最大的合压位置；离压时，同样因机构的惯性存在，就有可能超过最大的离压位置。速度过高时，限位装置有可能造成离合压机构的反弹，从而造成离合压机构到不了位。如何消除离合压机构的惯性成了设计中心必须考虑的一个问题，目前有的设备上采用了摩擦制动装置。这样能使离合压机构达到最大的位置时速度减为零，从而不产生任何冲击，也没有反弹的现象存在。采用摩擦制动装置可不必安装限位装置，事实上有的厂家已经开始这样做了。离合压机构和调压机构都引起中心距的变化，因此必须尽可能消除它们之间的相互影响。也就是说，无论调压量多大，离压合机构的两个工作状态不应改变。这就是要求调压时，连杆只能以和主动杆的连拉点为支点摆动，设计时必须满足这个条件。离合压机构的限位靠塞必须正确安装，即在最大离合压量时，使主动杆与靠塞的距离为0.1mm。大了起不到限位的作用，小了有可能使离合压机构不到位。

习题

1. 滚筒部件一般包括哪几种滚筒?
2. 滚筒的排列方式有哪几种?
3. 简述印版滚筒周向和轴向的微调机构。
4. 简述三点悬浮式离合压机构的离压及合压原理。
5. 简述橡胶滚筒与印版滚筒及压印滚筒压力调节原理。
6. 对滚筒离合压有什么要求?

模块五

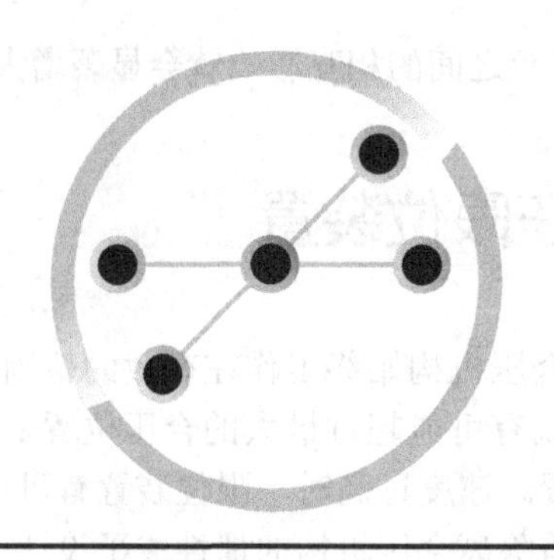

Unit 05

润湿装置

项目一 润湿装置的概述

任务一 了解润湿装置的作用

润湿装置负责向印版提供水墨平衡所需用的水。水越少越好，对其后工序的影响越小。但是水过少，水墨平衡难以控制，这就要求其处于良好的工作状态。

任务二 熟悉润湿装置的分类及特点

1.间歇式供水润湿装置

（1）传水辊间歇式供水润湿装置 如图2-5-1所示，水斗辊2在水斗1中转动，传水辊3在串水辊4和水斗辊2之间作往复摆动，把水斗辊2上的水间歇传输给串水辊4，再由着水辊5将水均匀传输给印版表面。调节传水辊3和水斗辊2的接触时间，可以改变供水量的大小。

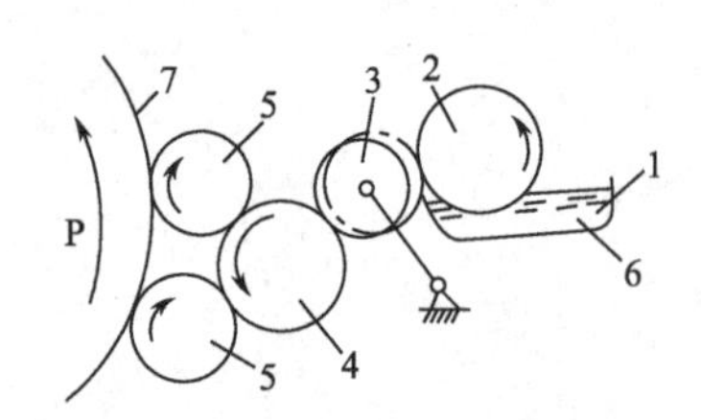

图2-5-1 传水辊间歇式供水润湿装置
1—水斗；2—水斗辊；3—传水辊；4—串水辊；5—着水辊；6—水；7—印版滚筒

为提高金属辊表面的亲水性，一般在辊子表面进行镀锌处理。传水辊和着水辊上包有用绒布织成的套筒。

采用该装置结构简单，调节方便，由于套筒表面吸附性好，增加了润湿液传递的稳定性，但传递给印版表面的水层较厚，调节灵敏度差，且绒布表面易沾油污。J2108机上采用该种装置。

（2）水斗辊间歇式供水润湿装置 如图2-5-2所示，由固定在水斗辊2上的叶片3间歇供水，经匀水辊4、着水辊5传递给印版。该装置结构简单，叶片不直接和匀水辊4接触，有效减小了润湿液的用量，减少了对润湿液的污染。

2.连续式供水润湿装置

（1）毛刷水斗辊供水润湿装置　如图2-5-3所示，毛刷水斗辊2由直流调速电机驱动，借助刮板3将毛刷上沾有的水分弹向匀水辊4，经串水辊5和两根着水辊6向印版供水。由于匀水辊4不和毛刷水斗辊2直接接触，版面上的绒毛和油墨不会进入水斗1而污染润湿液。供水量的大小由刮板3的位置和毛刷水斗辊2的转速加以精确控制，减少了润湿液的用量。

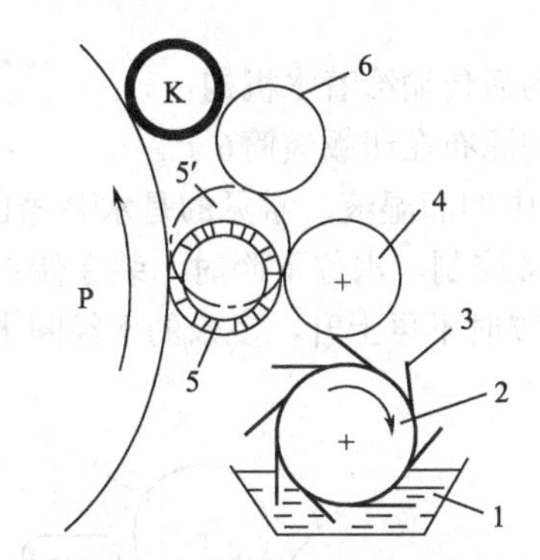

图2-5-2　水斗辊间歇式供水润湿装置

1—水斗；2—水斗辊；3—叶片；4—匀水辊；5—着水辊；6—串墨辊；P—印版滚筒；K—着墨辊

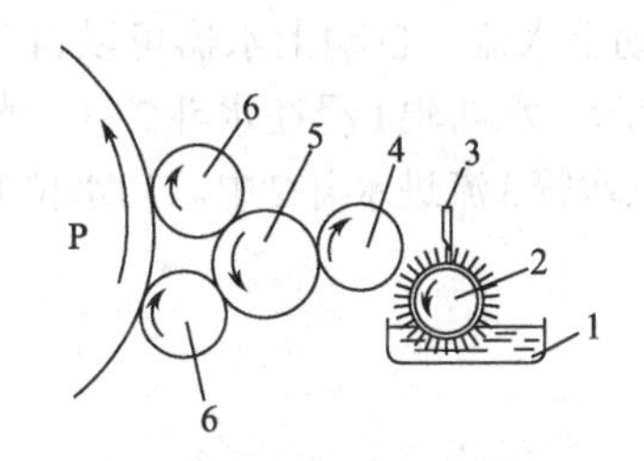

图2-5-3　毛刷水斗辊供水润湿装置

1—水斗；2—毛刷水斗辊；3—刮板；4—匀水辊；5—串水辊；6—着水辊

（2）计量辊式供水润湿装置　如图2-5-4所示，水斗辊2由直流调速电机驱动，计量辊3用于调节水膜厚度，传水辊4和串水辊5共同作用后将水膜拉薄，着水辊6将水涂布在印版上。调节电机转速和计量辊3与水斗辊2间压力可控制供水量的大小。

该装置供水量大小调节方便、精确，运转平稳，避免了传水辊摆动所引起的震动。

（3）酒精润湿装置　如图2-5-5所示，水斗辊2单独由无级调速电机传动，计量辊3控制着墨辊4上供水量的大小，水斗辊2直接和着墨辊4接触，由着墨辊4在着墨同时向印版上水。在正式印刷前，应进行预润湿，使水斗辊2和着墨辊4接触，向着墨辊4供水，达到水墨平衡后着墨辊4靠向印版，进行正常工作。供水量的大小可由计量辊2控制。

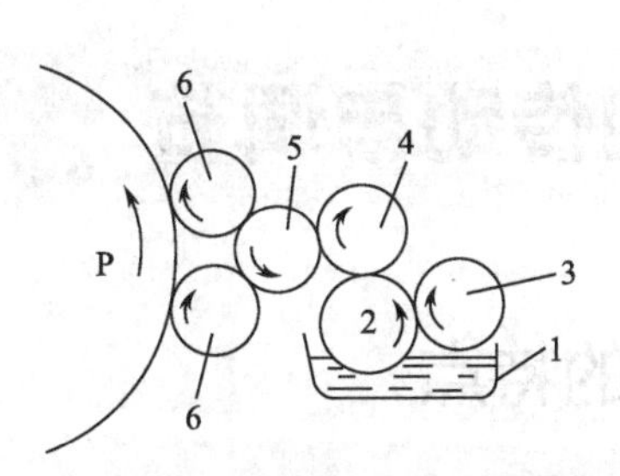

图2-5-4　计量辊式供水润湿装置

1—水斗；2—水斗辊；3—计量辊；4—传水辊；5—串水辊；6—着水辊

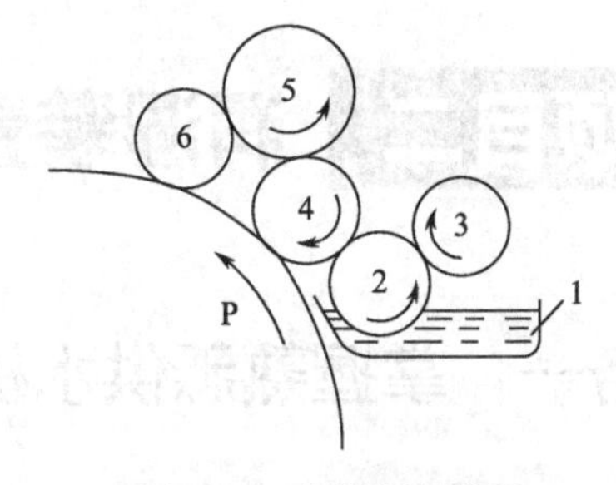

图2-5-5　酒精润湿装置

1—水斗；2—水斗辊；3—计量辊；4—着墨辊；5—串墨辊；6—着墨辊

该装置可在正式印刷前达到水墨平衡状态，降低了开印时的废品率；水辊不与印版接触，减小了印版本身的磨损，延长了印版使用寿命。

任务三　精通润湿装置的组成

润湿装置又叫输水装置，如图2-5-6所示，主要由供水机构、匀水机构、着水机构和自动上水器组成。

（1）供水机构　由水斗1、水斗辊2和传水辊3组成。它可以将装在水斗中的润湿液定时、定量地传递给匀水装置。

（2）匀水机构　由串水辊4组成。它可以将水打匀后传输给着水机构。

（3）着水机构　由着水辊5组成。它可以将水均匀涂布在印版滚筒6上。

（4）自动上水器　自动上水器可以自动补充水斗中的润湿液，常见的是水泵式自动上水器，如图2-5-7所示，水斗辊1浸在水斗2中，水位由水泵4控制，水位下降时，装在储水箱5中的水由水泵4经上水管3流进水斗2中。当水位升到出水口7时不再上升，多余的水经回水管6流回储水箱5。

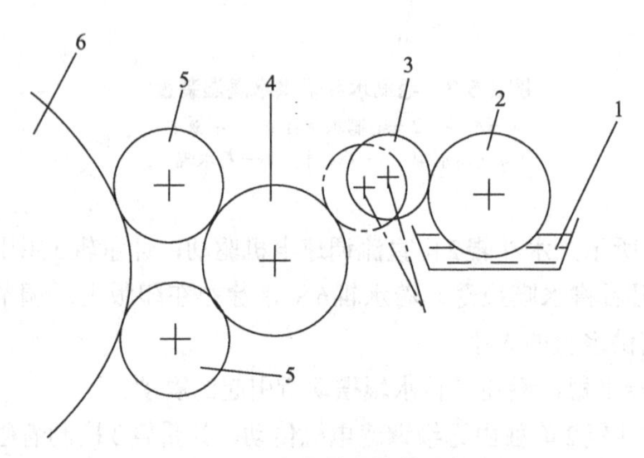

图2-5-6　润湿装置的基本组成

1—水斗；2—水斗辊；3—传水辊；4—串水辊；5—着水辊；6—印版滚筒

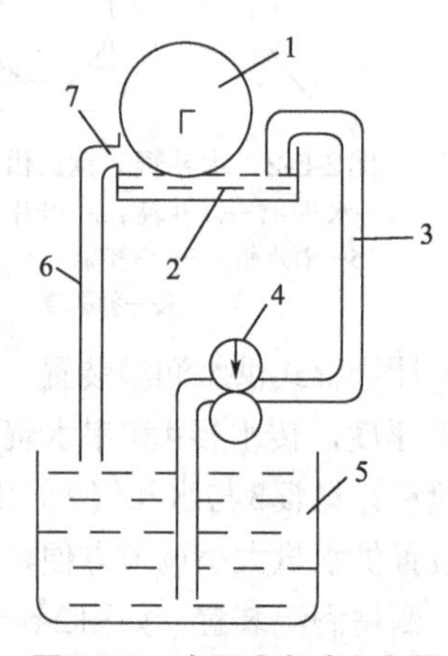

图2-5-7　水泵式自动上水器

1—水斗辊；2—水斗；3—上水管；4—水泵；5—储水箱；6—回水管；7—出水口

项目二　润湿装置的传动与调节

任务一　掌握熟悉供水机构的特点

1.水斗的特点

胶印机水斗是盛装润版液用的，由于润版液显酸性，所以水斗应耐酸。水斗里面的水面不宜过高，否则水斗辊工作时可能会将润版液甩出去。

胶印机水斗辊是控制给水量大小用的，其表面应该耐酸、斥油、吸水；此外表面还应清洁。如果水斗辊表面镀层损坏，则会影响供水量；所以一旦损坏应及时更换。其表面如有油墨或油性之类的东西，需及时擦去，否则会影响供水量的稳定性。

2.水斗辊的特点

水斗辊的作用是把水传给串水辊，水斗辊是胶型而又是软胶的：因计量辊是硬型，而如果水斗辊是硬型的，那形成不了压力，形成不了压痕，也起不到传递水的作用。不同品牌不同型号的印刷机直径不同，不过硬度大多为25度（肖氏）。

水斗辊表面需要细小的毛孔结构，以便于储水，传递水量；中间隆起，而两边细一点，是因为印版一般都是中间图文多一点，而印刷机也是居中印刷，两边是空白部分，而该空白部分也不传递油墨，放墨也没有，当然此处油墨温度高于中间，版面温度当然高于中间，这时需要大量的水分，故设计两边小于中间的直径，便于传递更多的水分。

水斗辊的直径大于计量辊的直径，这是由于水斗辊传递水时，水的表面张力很大，而有一小水珠被水斗辊带起，而计量辊与水平辊同径的话，则会把该水斗辊上的水珠原样传递到靠版水辊上，迅速传递到版面，这时水会大了。故水斗辊与计量辊是同速而不同径的道理所在。

任务二　掌握匀水机构的特点

1.串水辊的特点

（1）串水辊的作用　是周向和轴向两个方向上打匀润版液。

（2）串水辊的表面　无光镀铬。

（3）串水棍的注意事项

① 串水辊表面用无光泽镀铬处理：匀水辊表面用无光镀铬处理是便于与靠版水辊之间有摩擦力，给靠版水辊的动力，因无光镀铬表面是粗糙的，镀铬加强串水辊的亲水性。

② 如果在正式印刷过程中匀水辊有吸收油墨的倾向，或者在开机时匀水辊不能完全排除印条油墨，并不意味着对大多数的印刷作业都不利，但是，为了保证印刷对色调淡浓十分敏感的实地区时能获得最佳的印刷质量，必须注意保持匀水辊没有沾上油墨。

2.计量辊的特点与调节

（1）计量辊的作用　传水给串水辊。

（2）计量棍的特点

① 计量辊的表面设计为抛光镀铬：计量辊表面设计为抛光是它对带水辊、靠版水辊不起摩擦的作用，减少靠版水辊和带水辊的磨损，镀铬是便于亲水又传递水分。

② 计量辊的直径小于水斗辊而又大于靠版水辊，便于铺展水分，减少水的表面张力。

③ 计量辊与中部隆起的水斗辊之间的间隙可以调节以保证整个辊子宽度上更均匀的供水。

④ 计量辊与润版辊之间的距离是可以按在“开动润版辊”按钮的情况下进行调节，否则两者之间不会接触。

⑤ 所有与水斗辊有关的调节必须在松开定位螺钉下进行，并在调节后重新定位。

（3）计量辊相对于着水辊的调节：

① 在最后调定计量辊相对于着水辊的位置之前，应借助于0.1mm厚的塞尺调整计量辊使之与水斗辊保持平衡。

② 在印刷机和润版装置处于静止状态下在计量辊和着水辊之间插入0.1mm（0.004英寸）厚的塞尺。推上搬钮开关，使计量辊和着水辊接触。然后利用调节螺钉在两侧调节计量辊相对于

润版辊的位置，以塞尺可以用中等拉力拉动抽出为准。

（4）计量辊相对于水斗辊的调节

① 在调节计量辊相对于水斗辊的位置之前，须先在水槽内注入润湿液并通过带照明开关，开动相应的润版装置。

② 调节计量辊相对于水斗辊的间隙时，必须松开传动侧和操作侧支承板上的锁定螺母。

③ 首先向左转动调节螺钉使计量辊脱离水斗辊，直至在水斗辊上形成较厚的润湿液膜。

④ 然后向右转动调节螺钉使计量辊接近水斗辊。由于水斗辊中部隆起，因此中间部分首先与计量辊接触。在此接触部分水斗辊表面会呈现柔和的光泽。

⑤ 继续使计量辊水平移近水斗辊时，此柔和的光亮表面会进一步扩展到辊子的两侧。

⑥ 达到了这个基本调节位置后，把传动侧和操作侧的调节螺钉向右转动约半圈，然后拧紧锁定螺钉。

任务三　掌握着水辊的特点、安装与调节

1.着水辊的特点

① 着水辊的表面为橡胶，硬度在25度（肖氏）左右。

② 着水辊的作用：是直接向印版表面供应润版液。

2.着水辊的安装

① 润版辊是在润版辊脱离位置时安装的。在此位置时，润版与印版不接触润版辊脱离接触。

② 在插入润版辊前，必须在传动侧安装好中间辊的托架。

③ 首先把润版辊插入到操作侧的支身中，并尽可能插到头，再把辊子装入传动侧的轴承孔内至端部位置。然后用SW6mm六角扳手把操作侧的轴承栓以螺丝牢固地连接到支身上。

3.着水辊的调节

（1）着水辊的压力调节　先调着水辊和串水辊之间的压力，再调着水辊和印版滚筒之间的压力。

（2）着水辊相对于匀水辊的调节

① 在匀水辊与润版辊之间两侧各插入0.1mm（0.004in）厚的塞尺。

② 用两个调节螺钉在传动侧和操作侧把润版辊相对于匀水辊进行调节直至产生轻微接触。

③ 然后把传动侧和操作侧的调节螺杆向右均匀地转动（约1～2圈），直至塞尺可以用中等拉力抽出为止。

④ 以后用油墨进行检查时，在匀水辊上应显示出一条约5mm（0.2in）宽的平行墨痕。

（3）着水辊相对于印版的调节

① 进行润版辊相对于印版的调节时，首先在印刷机停止的情况下操作搬钮开关，这样就需要借助于空气气缺来调节润版辊相对于印版的位置。

② 必须松开滚花螺钉上的防松螺母，接着一切必要的调节都可以在两侧用这个滚花螺钉上的芯轴进行：向右转调离印版，向左转则接近印版。调节完毕后不要忘记再拧紧防松螺母。

③ 进行基本调节时，借助于2条0.1mm（0.004in）厚的纸带调整润版辊使之与印版保持平衡。

④ 借助于墨痕检查润版辊相对于印版的调节时，可通过搬钮开关调节润版辊把涂上墨的润版辊（装好中间辊）相对于印版进行调节。若调节适当，应能得到约6mm（0.24in）宽的墨条。

习题

1. 润湿装置由哪些机构组成?
2. 润湿装置有哪些种类? 各有什么特点?
3. 简述着水辊压力调节的顺序及方法。
4. 简述着水辊起落机构的工作原理。

模块六

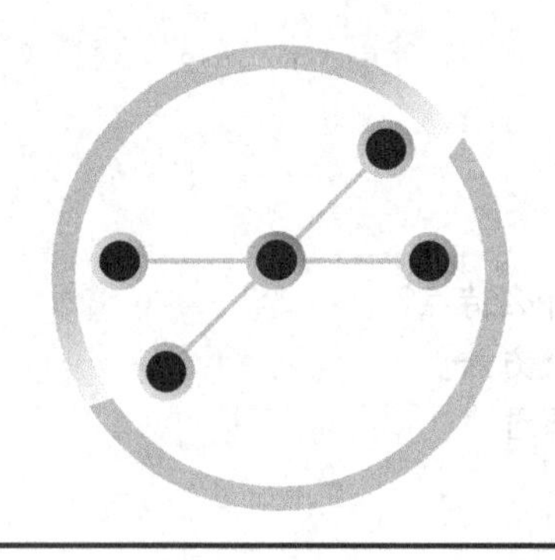

Unit 06

输墨装置

项目一 输墨装置概述

任务一 精通输墨装置的组成

输墨装置可在印刷过程中，将油墨均匀、适量传递到印版上。胶印机上输墨装置一般由以下三个部分组成：

1.供墨部分

如图2-6-1所示，供墨部分由墨斗、墨斗辊4和传墨辊5组成，可储存油墨并将油墨适量传递给匀墨部分。工作时，将油墨置于墨斗，墨斗辊4间歇转动带出油墨，传墨辊5来回摆动传递油墨给第一串墨辊1。

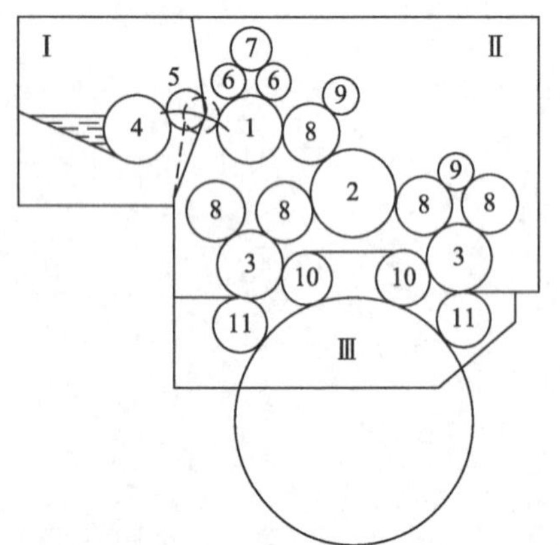

图2-6-1 输墨装置基本组成

Ⅰ—供墨部分；Ⅱ—匀墨部分；Ⅲ—着墨部分
1—上串墨辊；2—中串墨辊；3—下串墨辊；
4—墨斗辊；5—传墨辊；6, 8—匀墨辊；
7, 9—重辊；10, 11—着墨辊

（1）作用：储存和向匀墨部分供给油墨。

（2）组成：墨斗辊（出墨辊）、墨斗、传墨辊等。

（3）墨斗辊分间歇转动和慢速连续转动。

（4）传墨辊来回摆动,将条状的墨层传给高速旋转的串墨辊，迅速地把条状墨层打均匀。

（5）供墨量大小的调节要求：

① 调节墨斗辊转角大小或转速的高低可改变总墨量。

② 调节墨斗调节螺钉改变墨斗刀片和墨斗辊的缝隙，供应不同厚度的墨层。

2.匀墨部分

（1）作用：迅速把条状油墨打匀，传递给着墨辊部分并储存部分油墨。

（2）组成：匀墨辊、重辊、串墨辊等。

（3）串墨辊和重辊是硬质辊，匀墨辊是包胶的软质辊，软、硬质辊相间排列，增加接触性，保证匀墨性能。

（4）匀墨部分墨辊数量多，匀墨效果好，但墨辊数量过多，结构较复杂，墨量相应慢，需要较长时间才能将墨斗辊的油墨传到印版上。

（5）串墨辊的转动靠轴端齿轮传动，它还有轴向运动，靠摆轩机构传动。

（6）匀墨辊，重辊的转动靠表面摩擦力传动。

3.着墨部分

（1）作用：向印版图文部分涂敷油墨。

（2）数量：一般是四根。

（3）特点：

① 将匀墨部分已经打匀的很薄墨层（约6～10mm厚），向印版传递。

② 圆周线速度等于印版滚筒的圆周线速度。

③ 表面包胶，是软质辊。

④ 与其他墨辊相比较，精度要求是最高的。

⑤ 第一根、第二根着墨辊将承担主要的输送油墨任务，是供墨组；第三根、第四根着墨辊主要用于匀墨及收墨，是收墨组。

4.典型单张纸胶印机墨辊情况

典型单张纸胶印机墨辊情况见表2-6-1。

表2-6-1　典型单张纸胶印机墨辊情况

序号	海德堡CD102			曼罗兰R700			小森LS40			三菱D3000			高宝KBA 105		
	名称	直径/mm	数量	名称	直径/mm	数量	名称	直径/mm	数量	名称	直径/mm	数量	名称	直径/mm	数量
1	墨斗辊	96	1	墨斗辊	110	1	墨斗辊	120	1	墨斗辊	110	1	墨斗辊	140	1
2	传墨辊	60	1	传墨辊	71	1	传墨辊	64	1	传墨辊	63	1	传墨辊	70	1
3	串墨辊	85	4	串墨辊	103.5	4	匀墨辊	80	1	串墨辊	99.44	2	匀墨辊	93	3
4	匀墨辊	80	1	匀墨辊	72	2	匀墨辊	78	3	匀墨辊	61	2	匀墨辊	85	1
5	重辊	56	1	匀墨辊	70	1	串墨辊	99.5	3	重辊	50	1	重辊	115	1
6	重辊	68	1	匀墨辊	75	1	串墨辊	99.5	1	匀墨辊	78	1	匀墨辊	70	1
7	重辊	56	1	匀墨辊	90	1	匀墨辊	90	1	匀墨辊	93	1	重辊	57	1
8	匀墨辊	66	1	匀墨辊	60	1	匀墨辊	95	1	匀墨辊	72	1	匀墨辊	60	1
9	匀墨辊	80	1	着墨辊	71	1	匀墨辊	88	1	匀墨辊	60	1	着墨辊	73	1
10	匀墨辊	68	1	着墨辊	73	1	匀墨辊	72	1	匀墨辊	71	2	着墨辊	70	1
11	匀墨辊	72	1	着墨辊	69	1	重辊	72	1	串墨辊	126.31	2	着墨辊	80	1
12	匀墨辊	60	1	着墨辊	78	1	重辊	55	1	匀墨辊	64	1	着墨辊	75	1
13	匀墨辊	56	2				着墨辊	88	1	着墨辊	80	1			
14	着墨辊	60	1				着墨辊	78	1	着墨辊	71	1			
15	着墨辊	72	1				着墨辊	85	1	着墨辊	75	1			

续表

序号	海德堡CD102			曼罗兰R700			小森LS40			三菱D3000			高宝KBA 105		
	名称	直径/mm	数量	名称	直径/mm	数量	名称	直径/mm	数量	名称	直径/mm	数量	名称	直径/mm	数量
16	着墨辊	66	1				着墨辊	90	1	着墨辊	84	1			
17	着墨辊	80	1												
墨辊数量	21			14			20			20			14		
图号	3-49			3-50			3-51			3-52			3-53		

任务二　熟悉输墨装置的性能指标

1.匀墨系数

匀墨部分所有墨辊表面积之和与印版表面积之比称匀墨系数，以K_y表示。

$$K_y=\frac{\pi L\sum d_y}{F_p}$$

式中　$\sum d_y$——匀墨部分所有墨辊直径之和；

L——墨辊有效长度；

F_p——印版表面积。

① 匀墨系数表示将油墨打匀的程度，一般情况下，匀墨系数越大油墨越均匀，但匀墨系数过大，说明墨辊直径大或数量多，造成匀墨部分结构庞大、复杂，一般K_y值为3～6。增大K_y值采用增加墨辊数量的方法。

② 在匀墨系数相等的条件下，过分增大墨辊直径会增大输墨装置结构，降低匀墨性能，过分增加墨辊数量，会使输墨辊装置复杂化。

2.着墨系数

着墨部分所有着墨辊表面积之和与印版表面积之比称着墨系数，以K_z表示。

$$K_z=\frac{\pi L\sum d_z}{F_p}$$

式中　$\sum d_z$——所有着墨辊直径之和。

着墨系数反映了着墨辊传递给印版的油墨的均匀程度，K_z值越大，着墨均匀程度越好。

① 着墨系数表示着墨辊对印版着墨的均匀程度，一般情况下，着墨系数越大着墨的均匀程度越好，但着墨系数过大，说明着墨辊直径大或数量多，造成着墨部分结构庞大、复杂，一般单张纸平版印刷机取K_z=1～1.5。

② 在着墨系数相等的条件下，过分增大着墨辊直径会增大输墨装置结构；过分增加着墨辊数量，会使输墨装置复杂化。

3.积墨系数

匀墨部分和着墨部分墨辊表面积总和与印版表面积之比称积墨系数，以K_J表示。

$$K_J=\frac{\pi L\sum d}{F_p}=K_y+K_z$$

式中 $\sum d$——匀墨部分和着墨部分全部墨辊直径之和。

积墨系数反映了输墨装置中墨辊表面储墨量的多少，K_J值越大，则储墨量越多，但K_J过大时，下墨慢，停机后开始印刷时印品墨色加深，一般K_J取4～7。

① 积墨系数表示输墨系统中积聚油墨的能力。

② 积累系数越大，输墨系统油墨积聚量越大，墨色稳定性越好，但调整墨色时达到新的稳定状态需要时间长。

③ 用自动控制系统要求墨色瞬间反应不应太慢，所以积墨系数不宜过大。

4.打墨线数

在匀墨部分进行油墨转移时，墨辊的接触线数目称打墨线数，以N表示。

① 打墨线数N越大，则墨辊上油墨层被分割的区域越多，油墨越容易打匀。

② 在匀墨系数相等的条件下，增加墨辊数量就增加了打墨系数，所有，增加墨辊数量比增加墨辊直径好。

5.着墨率

某根着墨辊供给印版的墨量与全部着墨辊供给印版的总墨量之比，称着墨率。

① 前两根墨辊的着墨率之和一般在80%左右，主要向印版着墨。海德堡的第一根为44%，第二根为44%。

② 后两根墨辊的着墨率之和一般在20%左右，主要将印版上的油墨打匀并起收墨作用，这样，印版上墨层的均匀程度高。海德堡：第三根为9%，第四根为3%。

项目二 输墨装置的传动与调节

任务一 掌握墨辊排列的特点

1.软硬间隔排列墨辊

① 墨辊排列是硬质辊与软质橡胶辊间隔排列，这样能保证在一定压力下墨辊之间彼此接触良好。

② 极少情况是橡胶辊与橡胶辊直接接触，但摩擦阻力大。

③ 硬质塑料辊与硬质塑料辊直接接触是不允许的，两辊接触不良，易磨损辊面，没有压力，传递油墨不良。

2.油墨流动方向一致

应使油墨从墨斗经过各中间墨辊传到着墨辊时，油墨流动方向与印版滚筒的旋转方向一致。

3.墨辊排列要求

① 墨辊种类要少，着墨辊多为四根；墨路短，墨辊少，现代印刷机的总根数在17～20根

左右。

② 墨辊的直径不相同，防止印版上的印迹重叠和发生墨杠；最后一根着墨辊直径大，对印版的匀墨作用大，收墨作用也大，防止产生墨杆和花版。墨辊直径应小，串墨辊和匀墨辊直径向小直径方向发展，在匀墨系数相同的情况下，小直径墨辊数量多打墨线数大，有利于提高匀墨效果，但也会使输墨装置结构复杂化。中间着墨辊直径小，利于从中间空当中拆装墨辊。

③ 不对称排列匀墨辊，有利于印版上油墨均匀。

4.典型单张纸胶印机墨辊排列

如图2-6-2 ～图2-6-6所示。

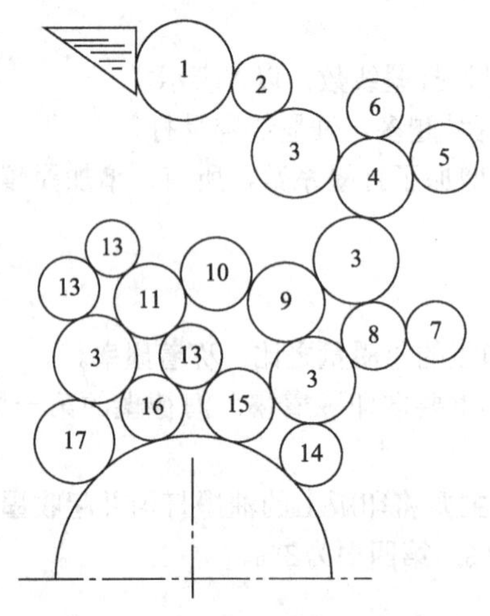

图2-6-2 海德堡CD102印刷机墨路

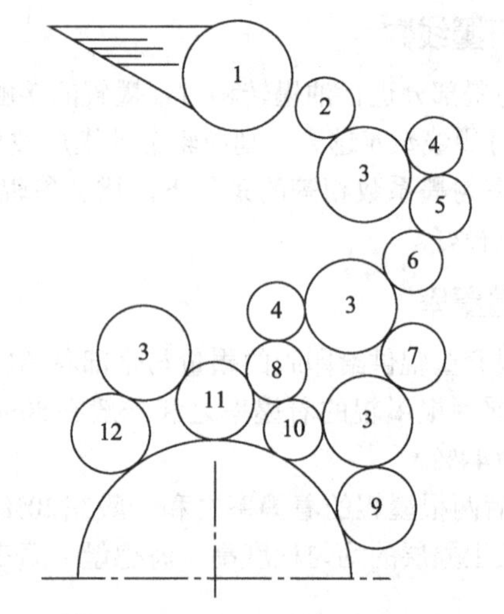

图2-6-3 曼罗兰R700印刷机墨路

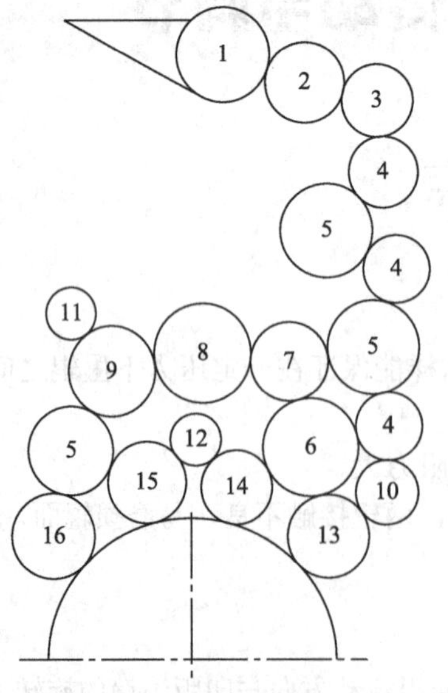

图2-6-4 小森LS40墨路

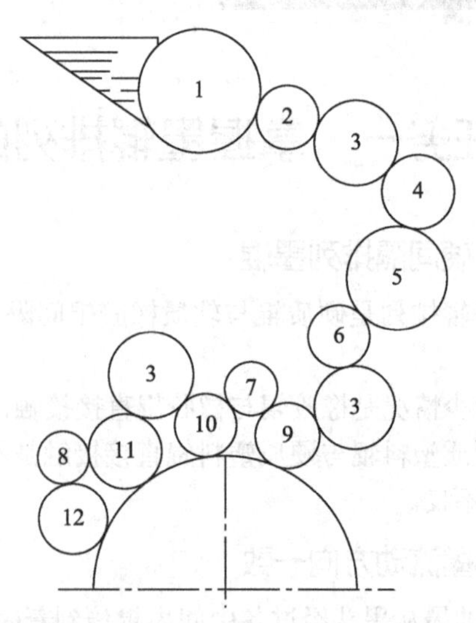

图2-6-5 KBA105印刷机墨路

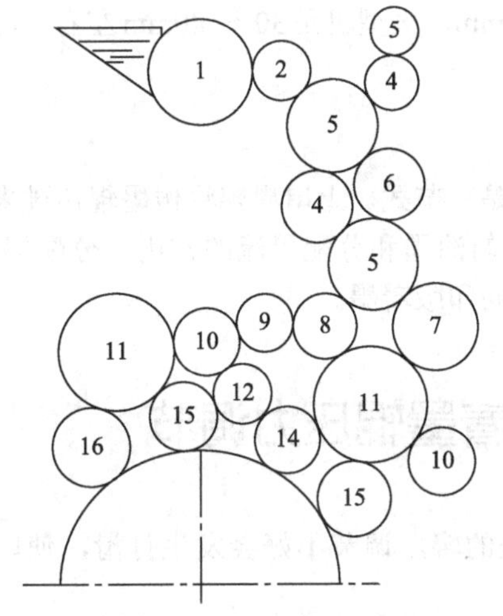

图2-6-6　三菱D3000印刷机墨路

任务二　精通供墨机构的调节

（1）墨斗的调节

① 墨斗调节螺钉全部拧紧后，将油墨装入墨斗。

② 边用手柄转动墨斗辊（或空转机器），边根据印版图文情况，判断墨斗辊上的出墨量，松开墨斗调节螺钉，进行初调。

③ 调节墨斗辊转角。

④ 试印时再进行微调。

（2）传墨辊的调节

① 传墨辊作往返运动，与墨斗辊、串墨辊交替接触，将墨斗辊上的油墨传递到串墨辊上。

② 印版滚筒每转两圈，传墨辊往返1次。

③ 传墨辊调节的好坏，对整个墨组影响很大。

④ 传墨辊分别调墨斗辊和串墨辊的压力。有两种方法：

a.用0.15～0.2mm厚薄规插进两辊中间，根据拔出和插入时的手感（适当阻力）调节，使左右压力均衡。

b.采用一边检查压痕线宽度4mm为宜，一边调节的方法。

（3）匀墨辊的调节　主要是压力的调节，压印线（墨痕）宽度为4mm。

任务三　掌握串墨辊的调节

1.串墨辊串动幅度的调节

串墨辊串动幅度的调节是通过串动辊主动齿轮上的偏心槽进行的，拉杆上的装配螺栓从槽轮的中心越外移，串动的幅度越大。印版滚筒每转两圈，串墨辊往返1次。

串动幅度为：小型机是20mm，大型机是30～40mm左右。海德堡对开机的串动幅度为0～35mm。

2.串墨辊的作用

串墨辊一般是四根，一般是三节式。上串墨辊将传墨辊传过来的油墨尽快拉薄、均匀。

中间串墨辊起着储墨、打匀油墨和分配墨流的作用，分配墨流还要靠墨辊排列形式；下串墨辊是将残存油墨打均匀，并向印版着墨。

任务四　掌握着墨辊压力调节

着墨辊是直接给印版供墨的辊，调节不好会发生打滑，使印品产生脏污或加快印版磨损，影响印品的质量。

1.调节步骤

首先将里面的两根着墨辊装进轴架，然后分别调其对串墨辊和对印版的接触压力。先调节着墨辊与串墨辊的接触压力，后调节着墨辊与印版的接触压力。然后依次调节靠外的两根着墨辊。

2.检查方法

① 着墨辊上墨后，在停机状态下，放落在印版滚筒上，马上提起，然后检查压痕线宽度。

② 机型不同，压痕线宽度亦不同，一般要求压痕线宽度在3～6mm之间，且均匀一致。

③ 四根着墨辊的接触压力（压痕线宽度）一样，或从第一根到第四根依次稍许减弱也可。

着墨辊和串墨辊之间的压力调节与着墨辊和印版滚筒间的压力调节相同。

习题

1.输墨装置由哪些部分组成？各有什么作用？

2.如何评定输墨装置的工作性能？

3.串墨辊如何调节？

4.简述着墨辊压力调节的步骤与方法。

模块七

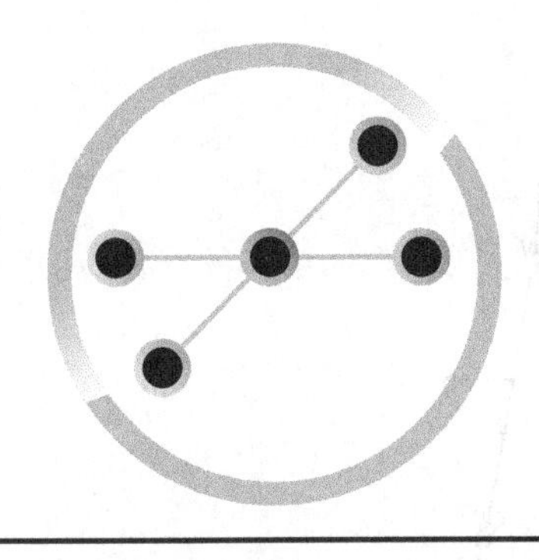

Unit 07

收纸装置

收纸是印刷机完成一个印刷过程的最后一道工序。把纸张从压印滚筒叼牙接过来，输送到收纸台上，并理齐和堆积成跺的装置称为收纸装置。

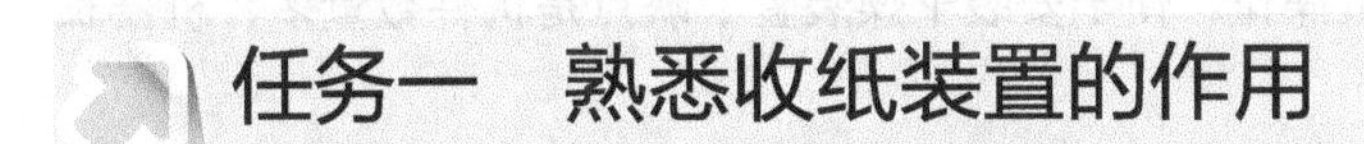

项目一 收纸装置的概述

任务一 熟悉收纸装置的作用

收纸装置是把已经印刷完成的印刷品从压印滚筒接过来，由传送装置输送到收纸台，由理纸机构等相应装置将印张撞齐、堆叠成跺。

任务二 掌握收纸装置的组成

如图2-7-1所示，收纸装置主要由收纸滚筒、导纸杆、收纸牙咬纸凸轮、收纸链条、收纸牙排、导轨（包括链条及链条松紧调节机构）、齐纸机构（侧齐纸与前齐纸机构）、收纸牙放纸凸轮（开牙板）、减速机构（纸张平整器、制动辊）、收纸台升降机构、辅助装置（喷粉器、风扇、干燥器和气垫托板）等组成。

任务三 熟悉收纸装置的类型

1.低台收纸装置

低台收纸装置的收纸堆台设置在压印滚筒下方，一般低于压印滚筒高度，其收纸高度一般

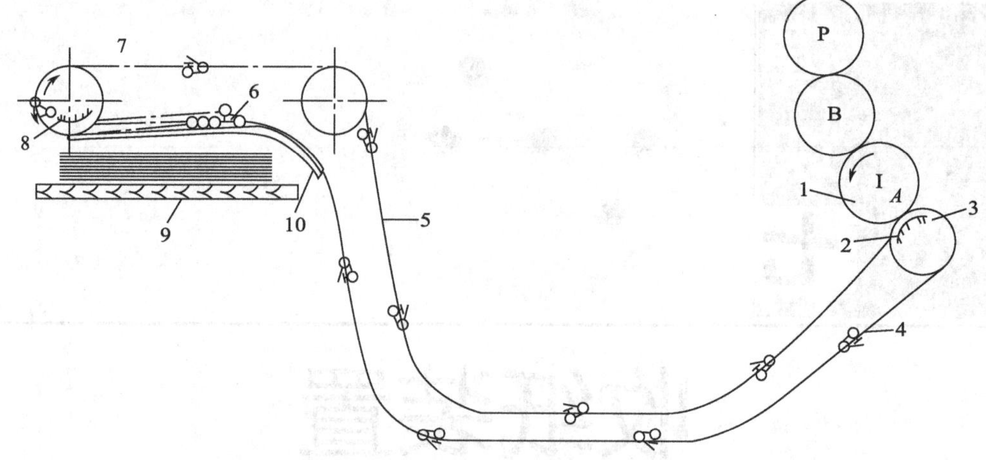

图2-7-1　J2108印刷机链条咬牙出纸机构

1—压印滚筒；2—开牙块凸轮；3—主动链轮；4—收纸链条咬牙排；5—套筒滚子链；6—托架；7—从动链轮；8—开牙块凸轮；9—收纸台；10—导纸板

不超过600mm。

优点是机器机构紧凑，占地面积小，机件少，造价低；缺点是纸台容量小，停机次数多，劳动强度大，不方便操作。

2.高台收纸装置

高台收纸装置是印刷装置单独一个单元，收纸高度一般为900mm以上。

该类型的优点是收纸堆高度高、容量大、看样方便，便于安装晾纸架、收起成品，更换纸台次数少，可配备副收纸台，不用停机操作。便于安装干燥装置；缺点是机件数量多、机器长度长、造价高、占地面积大。

项目二　出纸机构与调节

任务一　精通收纸滚筒结构与调节

1.动力来源

如图2-7-2所示，收纸滚筒齿轮14带动收纸滚筒运动，齿轮座13用键和收纸滚筒轴10相连。

2.动力传递

① 双联齿轮12向油泵齿轮传递动力。

② 齿轮11向油泵、侧拉规和输纸机传递动力。

③ 收纸滚筒链轮5、9向收纸链条咬牙排传递动力。

3.其他

① 支架8用于固定收纸牙排闭牙板。

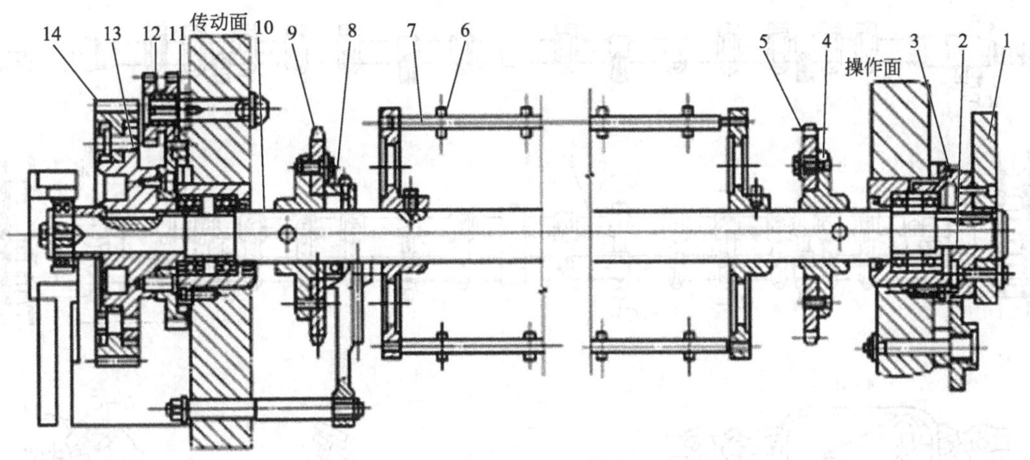

图2-7-2　收纸滚筒结构

1—恒力凸轮；2, 11, 14—齿轮；3, 4—链轮座；5, 9—链轮；6—防蹭脏轮；7—导杆；8—支架；10—轴；12—双联齿轮；13—齿轮座

② 收纸滚筒导杆7可依印张表面情况，以不蹭脏印张为原则，任意调节其位置；导杆7上防蹭脏轮6也可以轴向任意调节。

任务二　掌握收纸链条结构及叼纸力的调节

1.收纸链条咬牙排的结构

收纸链条咬牙排的两端，铰接在两根套筒滚子链上，由其带动运行。

如图2-7-3所示，J2108机上有11排收纸咬牙排，每个咬牙排由两根轴（收纸咬牙轴2和牙垫轴3）支撑，收纸咬牙轴2上装有12个收纸咬牙。收纸咬牙轴2装在轴座1的轴承孔内，通过开闭牙滚子7，传动咬牙轴2，使咬牙开闭。牙垫轴3与轴座1相固定。

2.收纸链条咬牙排的调节

（1）咬牙排咬纸力调节　咬牙排咬纸力大小由弹簧9控制，通过调整卡箍13、14的相对位置而达到调节目的。调整后，应使所有咬牙排上的弹簧9压力大小均匀一致。

（2）单个咬牙咬纸力调节　单个咬牙咬纸力大小由弹簧12控制，通过调节螺钉改变弹簧12的变形程度进行调节。

任务三　掌握收纸链条张紧机构及调节

收纸台上方从动链轮的位置可调，如图2-7-4所示，轴4上装有滚动轴承，滚动轴承上装有从动链轮5，轴4装在机架3的长槽2内，通过固定螺母1和机架3相固定。拉杆6的右端和轴4固定，左端螺纹与调节螺母7相连。

略松开固定螺母1，转动调节螺母7，移动轴4的位置，从而从动链轮5的位置随之移动，可以调节链条松紧，一般以收纸台上方直线部分收纸链条能被人力提起20mm为宜。调好后，拧紧固定螺母1，同时，应保持左右两根链条松紧一致。

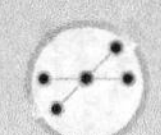

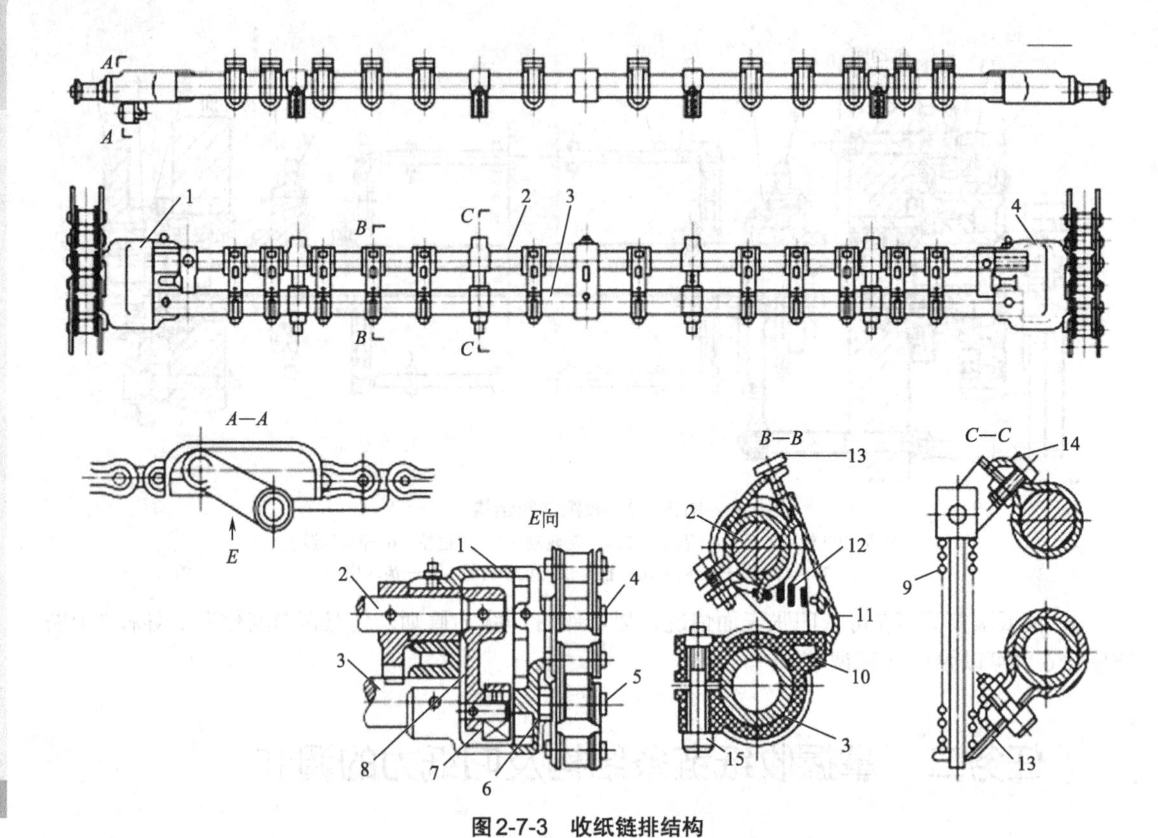

图2-7-3　收纸链排结构

1—轴座；2—收纸咬牙轴；3—牙垫轴；4, 5—销轴；6—滑块；7—开闭牙滚子；8—摆杆；9, 12—弹簧；10—牙垫；11—咬牙；13, 14—卡箍；15—螺钉

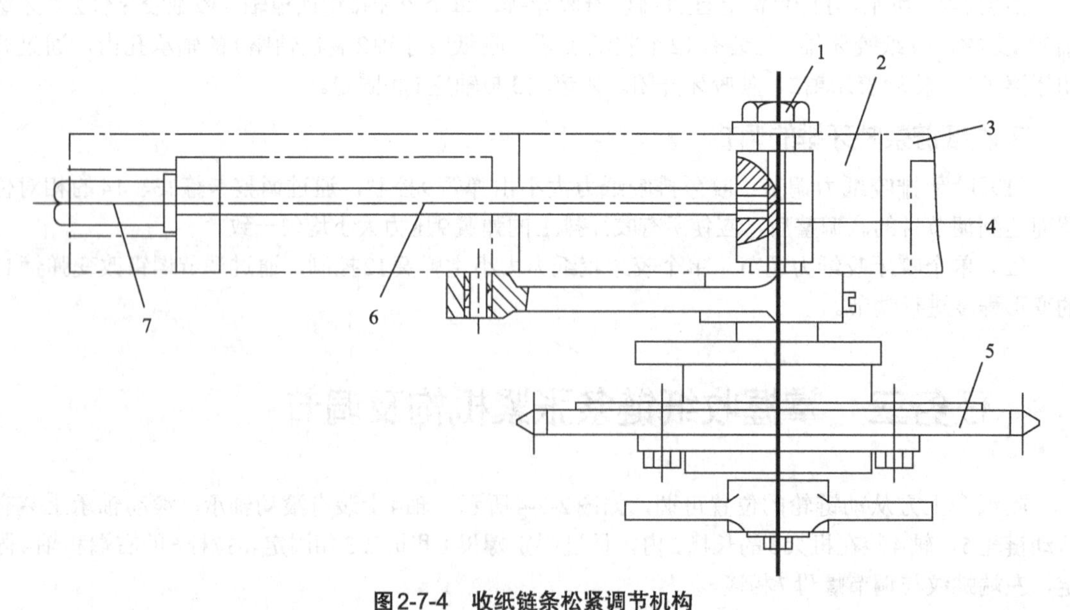

图2-7-4　收纸链条松紧调节机构

1—固定螺母；2—长槽；3—机架；4—轴；5—链轮；6—拉杆；7—调节螺母

项目三 减速机构与跟踪机构

任务一 熟悉减速机构工作原理及调节

收纸装置的减速机构主要有平纸器、制动辊和风扇等三种方式。

1.平纸器

（1）平纸器的作用 用来整平印张用的。

（2）平纸器的操作规范

① 单面印刷时，一般都使其处于工作状态。

② 翻面印刷时则使其不工作，其表面应定期用刷子清理。

（3）平纸器的保养

① 整平过程是通过负压原理实现的，这就要求吸气孔畅通无阻。

② 应定期检查清理。但是翻面印刷时最好不用平纸器，因为有可能造成与平纸器接触的那面印品蹭脏。

2.制动辊

（1）制动辊的作用 用来降低纸张速度，它通过吸印张下面的空气形成负压，加大印张前进方向的阻力，从而达到减速的目的。

（2）制动辊的操作规范

① 低速时，吸气量小一些；高速时，风量大一点。如有堵塞，应及时清理。

② 在翻面印刷时，最好不用制动辊，可通过其他减速机构达到减速目的。因为使用制动辊有可能造成背面蹭脏。

③ 现在有些印刷机的制动辊还有吹风功能，也就是说单面印刷时使用吸风功能，双面印刷时使用吹风功能。

3.风扇

（1）风扇的作用 用来给印张上面加压降速。

（2）风扇的调节

① 风扇吹风的大小应随纸张幅面的变化而变化，使其利用率最高。低速时，风量小一点；高速时，风量大一点。

② 风扇的风力越大，造成喷粉向周围扩散的可能性越大，从这一点考虑，风扇的速度越小越好。

③ 印四开印张时，两边的风扇可不用，用了反而有害无利，给制动辊吸气带来了困难。

任务二　了解开牙板跟踪机构

（1）开牙板的作用　用来控制牙排释放印张时间。

（2）开牙板的调节

① 开牙板时间是随着印刷机器的速度不同，而放纸时间不同：印刷速度快时，开牙板放纸就早些；印刷速度慢时，开牙板放纸就迟些。

② 在收纸开牙板处，装有一个导块，导向导块是固定不动的。

③ 开牙板的规范化操作低速时开牙晚一点，高速时开牙早一点。应注意在新的位置要处于锁紧状态。

④ 开牙板虽然频繁地与收纸牙排的开牙轴承相碰、但无需加油润滑，因为一旦磨损后，仍可通过改变开牙板的位置来弥补。

项目四　齐纸机构与收纸台升降机构

任务一　掌握齐纸机构

齐纸机构是由侧齐纸与前齐纸机构组成的。

（1）齐纸机构的作用　用来闯齐印张，便于印张的堆放和后序操作。

（2）齐纸机构的调节

① 前齐纸机构应有足够量的挡片，而且这些挡片应位于同一个平面上，纸张应以略微大于零的速度接近挡片，通过挡片的回弹使纸张前口齐平。

② 齐纸机构是一个主动机构，要使其推纸量最小，实地面越大，越要注意这一点。

③ 齐纸机构是通过纸张在收纸堆上面的位置变化来实现纸张整平的，如推纸量太大会造成印张背面蹭脏，所以一定要将齐纸机构调到最佳位置。

任务二　熟悉收纸台升降机构

图2-7-5　收纸台示意图

（1）收纸台的作用　收齐纸张。

（2）收纸台的调节

① 收纸台本身应平整，否则纸堆容易滑倒，如果不平，可通过其下面的螺钉来调整。

② 印张上面实地面较大时，应用木板将印张分打来放，这样可使印张得到良好的通风，避免粘胶。要注意的是木板一定要放牢。

收纸台示意图如图2-7-5所示。

项目五 其他装置

任务一 了解防蹭脏装置

（1）防蹭脏装置的作用 防止印品在收纸部分与其他部件相碰，它利用的是气垫原理。

（2）防蹭脏装置的类型 气垫装置与防蹭脏布。

（3）防蹭脏装置的操作规范 防蹭脏装置利用气垫做防蹭脏时要注意：气垫一定要在印张下面形成，而且要足够大。防蹭脏装置看起来很简单，但切不可粗心大意。如使用不好，则所印的印品有可能功亏一篑。

任务二 了解自动喷粉装置

（1）喷粉器的作用 主要是防止印张粘脏用的，对喷粉装置的基本要求是喷粉均匀，这就要求粉路畅通。

（2）喷粉器的调节

① 喷粉面积可随纸张幅面的变化重新调整，左右调整可通过喷粉嘴的开关来完成，前后位置可通过收纸链轮上面的凸轮来控制。

② 喷粉的原则是：墨少的地方少喷，墨多的地方多喷，无墨的地方不喷，套印或翻面印刷时一定要严格控制粉子的用量。

③ 下班后应将喷粉管里面的粉子清洗干净，以免粉子受潮堵塞喷粉孔。

任务三 掌握干燥装置

（1）干燥装置的作用 加快纸张油墨固化速度，防止印品粘脏。还可以方便后工序产品质量的提升。

（2）干燥装置的类型 紫外线干燥系统（UV干燥系统）与红外线干燥系统。

任务四 了解导轨

（1）导轨的作用 导向收纸链条排运行轨道。

（2）导轨的设计要求

① 由于链条长期运转磨损，链节长度增长，在设计导轨时收纸端一般设计是不封闭的，由长槽进行调节。

② 为了减少收纸链条的磨损，并减少链条的噪声，所有导轨的连接是圆弧连接。希望过渡圆弧越大越好。

③ 为了保证纸张平稳交接，在交接处应是上下导轨。

（3）导轨的类型　封闭式导轨与非封闭式导轨。

（4）导轨的要求

① 导轨材料要求用45钢，但是可以中间夹布胶木材料，可以减少噪声。

② 导轨内空尺寸要比牙排外空间尺寸大2.5mm左右，利用牙排滚子活动。

③ 为了保证导轨和链轮接口处反转也能平滑通过，要求有过渡导轨伸入链轮中反转时挑起链条的作用。

项目六　收纸装置的调节

任务一　了解收纸时间和位移的调节

（1）收纸滚筒的调节

① 收纸滚筒从压印滚筒上取纸，时间和位移必须配合准确，才能保证取纸平稳。

② 当压印滚筒的位置确定后，收纸滚筒的位置也随之被确定，不能再调节。

③ 当发现链排的位置不合适时，只能调链排，而不能调收纸滚筒。

④ 收纸滚筒是收纸部分调节的绝对基准，收纸链排是收纸部分调节的相对基准。

（2）收纸链排的调节

① 当收纸堆处的开牙板位置不合适时，只能调开牙板，而不能调收纸链排。

② 收纸链排牙垫的调节应以压印滚筒的牙垫为基准，而链排的牙片调节应以其本身的牙垫为基准。因此压印滚筒的牙垫是收纸链排牙垫调节的绝对基准，收纸链排的牙垫为调节的相对基准。

③ 一般情况下用户使用时调节收纸链排可如下进行：链排两端的牙垫位置通常不会变化，即能够保证相对基准的作用，这时可用两端的牙垫来校中间牙垫的位置，然后再来校准牙片的位置。

任务二　熟悉纸张幅面的调节

纸张幅面的大小直接影响喷粉量的大小，喷粉的面积必须视纸张的幅面进行调整。制动辊的位置和侧齐纸机构的位置也都要随着纸张幅面的变化而进行调整。这些部件的调节基准都是前齐纸板，因为前齐纸板的位置不可调节。

习题

1. 收纸装置由哪些部件组成？
2. 说明收纸链条咬牙排的结构及调节。
3. 简述吸气轮减速机构工作原理。
4. 简述开牙块跟踪机构工作原理。
5. 简述理纸机构工作原理。

第三篇

卷筒纸胶印机结构与调节

模块一

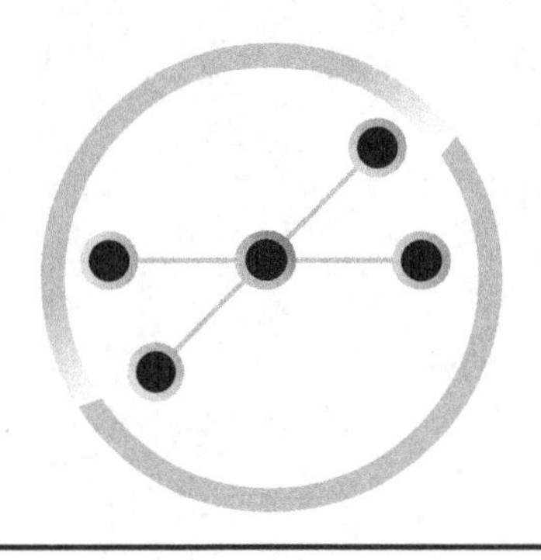

Unit 01

给纸装置

项目一 给纸装置的组成与作用

与单张纸印刷机输纸系统的基本作用相同，卷筒纸给纸系统的作用也是将承印的材料按照一定的印刷要求输送到印刷系统进行印刷。但是由于卷筒纸印刷机使用的是带形的印刷材料，在输送过程中对其控制有着不同的要求，所以卷筒纸印刷机给纸系统与单张纸印刷机输纸系统从结构上是完全不同的。

在卷筒纸印刷机输纸系统中一般包含以下装置：

（1）纸卷的安装机构。能迅速安装和更换纸卷，能进行准确灵活的轴向位置调节并按要求灵活地转动，根据需要可使纸卷上下运动。

（2）纸带张力控制机构。控制纸带速度并将纸带平稳送出。

项目二 上纸机构

任务一 了解纸卷的安装机构

在卷筒纸印刷机上，纸卷的安装一般有两种方式：有芯轴安装和无芯轴安装。有芯轴安装是指在纸卷的芯部有穿过的长轴；无芯轴安装是指没有长轴穿过纸卷的芯部，只在纸芯的两端有梅花顶尖将纸卷卡紧。

1.有芯轴安装

（1）传统芯轴　图3-1-1所示为采用传统的芯轴结构安装纸卷。

在纸卷1的芯部有一根钢制的长轴3穿过，该长轴称为芯轴。在芯轴的左右两端有两个锥头

2用以夹紧纸卷，锥头用锁紧套8紧固在芯轴上，转动手轮7可使锥头左右移动，从而夹紧纸卷。当纸卷安装到芯轴上并夹紧以后，即可将纸卷和芯轴一起安装到纸卷架6上对开的轴承4中，这样即完成了纸卷在纸卷架上的安装（有些印刷机芯轴不能拆下，需要将纸卷抬升后安装在芯轴上）。旋转手轮5，通过螺纹副可带动芯轴3轴向移动，即可调整纸卷的轴向位置。

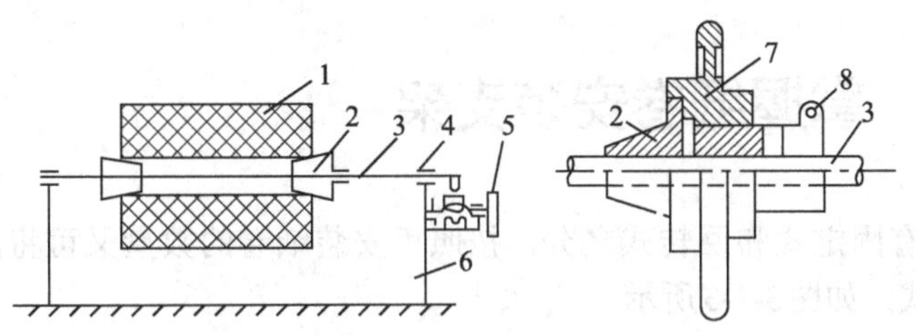

图3-1-1　传统芯安装

1—纸卷；2—锥头；3—芯轴；4—轴承；5, 7—手轮；6—纸卷架；8—锁紧套

这种芯轴的安装和纸卷的更换都需要手工完成，耗费时间较长。为了减少更换纸卷损失的时间，一台印刷机往往配备数根芯轴，在机器运转时预先穿好纸卷备用。但由于自动化水平低，生产效率也比较低，且操作者劳动强度大，因此这种结构目前只用于速度较低的低档卷筒纸印刷机上。

（2）气涨式芯轴　气涨式芯轴是由专门厂家生产的，将其放入纸卷纸芯内，在芯轴上通入压缩空气，芯轴便径向膨胀，将纸卷固定在芯轴上。这种结构要求芯轴相对于纸卷的位置要准确，因为一旦通气膨胀后，纸卷与芯轴的位置就不能再调整了（除非放气重新穿芯轴），所以对操作者的规范操作要求比较高。

2.无芯轴安装

图3-1-2所示为卷筒纸无芯轴安装方式，没有贯穿纸卷的长轴，而是在纸卷纸芯的两端采用梅花顶尖卡紧。梅花顶尖可以轴向移动使纸卷卡紧。图3-1-2中，15为固定顶尖，其轴向位置不能移动；16为活动顶尖，可以轴向移动以改变其与固定顶尖15之间的距离。安装纸卷时，首先将

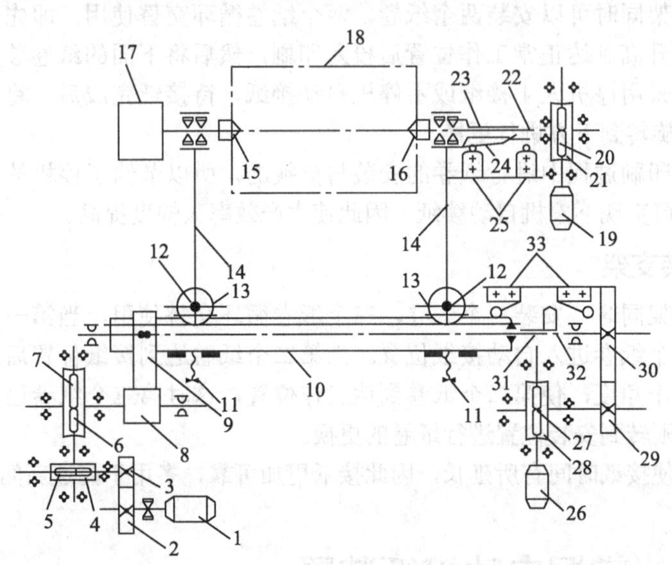

图3-1-2　无芯轴安装

1, 19, 26—电动机；2, 3, 8, 13, 29, 30—齿轮；4, 6, 20, 27—蜗杆；5, 7,21, 28—蜗轮；9—扇形齿轮；10, 12—轴；11—螺钉；14—上纸臂；15—固定顶尖；16—活动顶尖；17—磁粉制动器；18—纸卷；22, 31—丝杠；23—套；24, 32—限位块；25, 33—限位开关

活动顶尖16右移，使15、16之间距离大于纸卷的宽度，然后将纸卷置于两顶尖之间，并将纸卷的芯部对准顶尖，最后左移活动顶尖16可将纸卷卡紧。活动顶尖的移动通过电动方式实现。这种纸卷安装方式，由于速度快，纸卷卡紧牢固可靠，而且每次的卡紧力一致，所以现在高速卷筒纸印刷机上被广泛采用。

任务二　掌握纸卷安装支架

纸卷安装支架有固定式和回转式之分，按照可安装纸卷的数量又可将回转支架分为单臂、双臂和三臂三种形式，如图3-1-3所示。

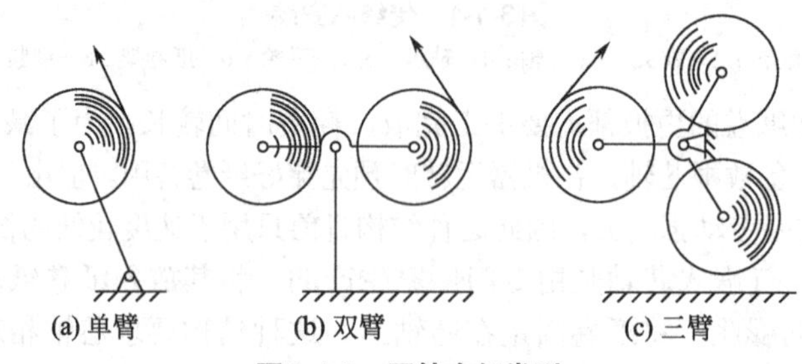

图3-1-3　回转支架类型

1.单臂式回转支架

用单臂式回转支架印刷时，在纸卷印刷完时，必须要停机更换新纸卷，生产效率低，同时由于多次启动和停机易产生断纸等输纸故障。一般用于印刷速度不高，纸卷更换不很频繁的印刷机上。

2.双臂式回转支架

双臂式回转支架同时可以安装两个纸卷，两个纸卷循环交替使用，即先安装一个纸卷并将其围绕旋转轴旋转升高到达正常工作位置后投入印刷，然后将下面的纸卷装好备用。当第一个纸卷用完后，可以采用停机人工接纸或不停机自动接纸，待接纸完成后，将新纸卷转到工作位置使用，旧纸卷则旋转到下方进行更换。

这种支架是在印刷过程中进行纸卷的安装与更换的，所以节约了停机的时间，特别是采用自动接纸方式后，可实现不停机自动续纸，因此使生产效率大幅度提高。

3.三臂式回转支架

三臂式回转支架同时可安装三个纸卷，三个纸卷循环交替使用，当第一个快用完时，转过一定角度，使第二个纸卷进入自动接纸位置。当第二个纸卷达到接纸位置后进行自动接纸，接完后支架再转动一个角度，使第二个纸卷到达工作位置，这时第三个纸卷已完成安装并到达预接纸位置，第一个则转到安装位置进行纸卷的更换。

这种支架结构使接纸时间有所延长，因此接纸更加可靠，多用于高速新闻卷筒纸印刷机。

任务三　掌握自动接纸装置

在高速卷筒纸印刷机中，更换纸卷是很频繁的工作。为了更换纸卷，被迫停机或降低机器的印刷速度，必将导致生产率的下降，破坏正常的印刷工作状态，会出现废品损失。因此为了减少停机时间，最理想的办法是在机器印刷进行时更换纸卷，即进行自动接纸，可使纸带损耗有效降低。

自动接纸的基本形式可分为零速接纸和高速接纸两大类，无论哪种自动接纸装置，都是在印刷部件正常工作状态下完成纸卷的自动换接工作的。

1.零速接纸

零速接纸是指在接纸时刻，用于接纸的纸带和被接纸带的速度均为零。零速接纸过程如图3-1-4所示：图3-1-4（a）为印刷机正常印刷时新旧纸卷纸带所处位置，浮动辊保持一定高度；图3-1-4（b）为旧纸卷即将用到极限尺寸，浮动辊上升储存纸张，新旧纸带准备交接；图3-1-4（c）为新纸卷开始加速，浮动辊下降发出纸带，保证印刷速度；图3-1-4（d）为新纸带已加速到正常速度，浮动辊上升储存纸带并提供张力，并重新架起一个新纸卷。

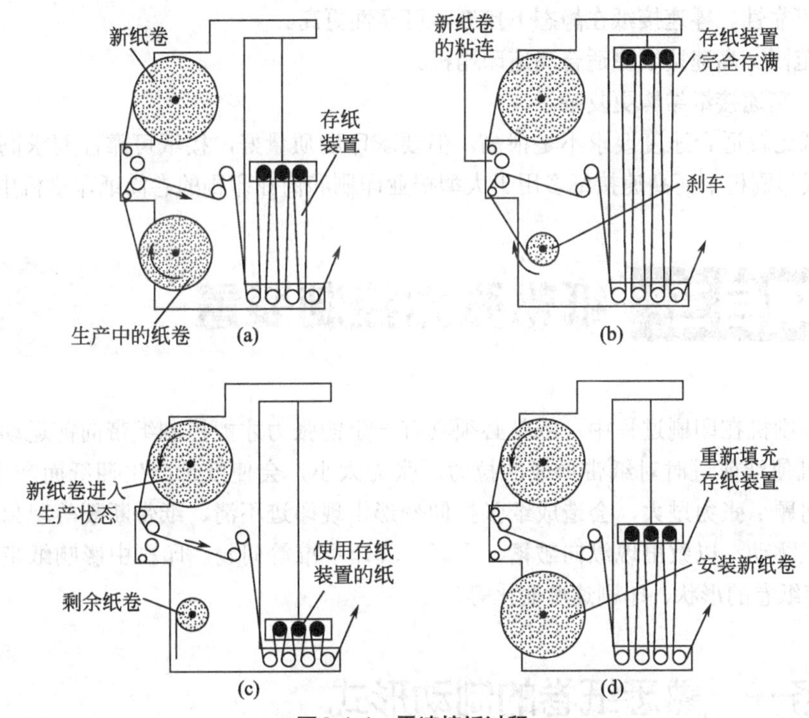

图3-1-4　零速接纸过程

2.高速接纸

高速接纸是指接纸时两纸带仍保持输纸速度，或者有的机器与主机降速后的两纸带速度相等。图3-1-5为卷筒纸印刷机高速接纸原理示意图，分为以下几个过程：①用锥头将新纸卷夹紧；②将新纸卷移到工作位置（新旧纸卷间应有一定距离，以避免振动带来的影响）；③将新的纸卷加速到旧纸卷的圆周速度；④在经过自动粘接标记时，旧卷筒纸通过海绵辊（旧式用刷子）压住卷筒纸的周边，新纸卷粘住旧纸卷；⑤摆动切刀切断旧卷的剩余部分；⑥新纸卷开卷，旧纸卷撤离。

3.零速接纸和高速接纸的区别

① 纸带接头。高速接纸接头的胶带贴成八字形，而零速接纸采用一字形。

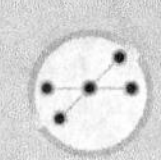

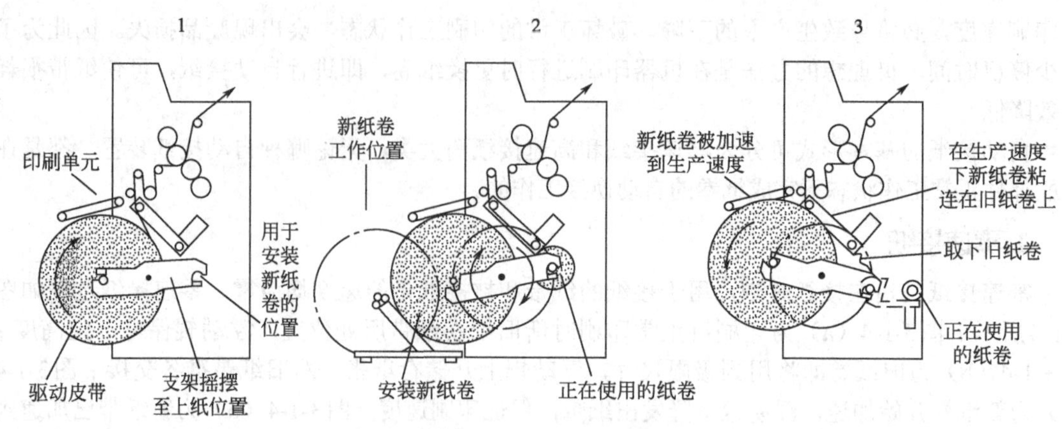

图3-1-5　高速接纸过程

② 接纸可靠性。零速接纸在静态下接纸，可靠性更高。

③ 适用范围。高速接纸更适合高速印刷机。

④ 结构。高速接纸结构更复杂。

零速接纸比较适合速度要求不是很高，但要求印刷质量好，接纸可靠性要求高的场合，比如书刊卷筒纸印刷机；而高速接纸多用于大型报业印刷和商业印刷的卷筒纸印刷机中。

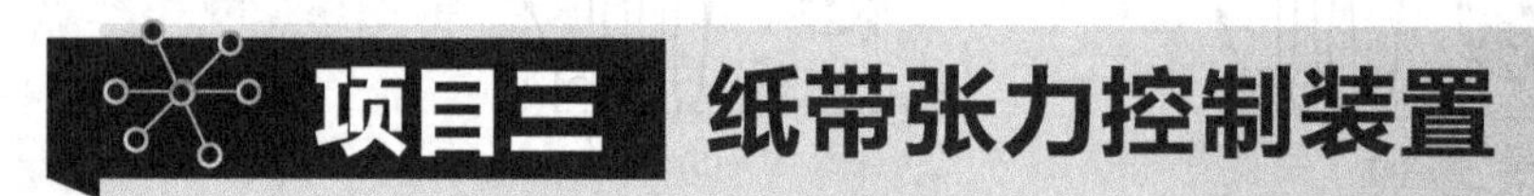

项目三　纸带张力控制装置

卷筒纸印刷机在印刷过程中，纸带必须具有一定的张力才能控制纸带向前运动。张力是指卷筒纸印刷机使纸前进时对纸带形成的拉力。张力太小，会使纸带产生拥纸而产生横向皱褶、套印不准等问题；张力过大，会造成纸张拉伸变形出现印迹不清、纸带断裂等现象；张力不稳的纸带会发生跳动，以致出现纵向皱褶、重影、套印不准等问题。印刷中影响纸带张力的因素很多，主要有纸卷的形状、印刷速度变化等。

任务一　熟悉纸卷的制动形式

按照施加制动力的不同，纸卷的制动可分为圆周制动和轴向制动两类。

1.圆周制动

制动力作用在纸卷外圆表面的制动称为圆周制动。如图3-1-6所示为几种形式的圆周制动工作示意图，其中图3-1-6（a）和图3-1-6（c）都为配重制动，依靠重力对纸卷施加一个力矩。图3-1-6（b）为制动带制动，制动带一般由独立电机驱动，是利用制动带速度和纸卷速度之差来产生制动力，通常制动带的速度比纸带的速度慢2%～5%，由于速差较小，不易损坏纸面和产生静电。而且这种制动方式可通过改变制动带的速度和制动带与纸卷之间的压力，以及制动带与纸卷的包角等途径来调整制动力的大小。如果制动带的速度高于纸卷表面速度，还可以驱动纸卷。因此，这种制动方式广泛应用于高速自动接纸系统中。

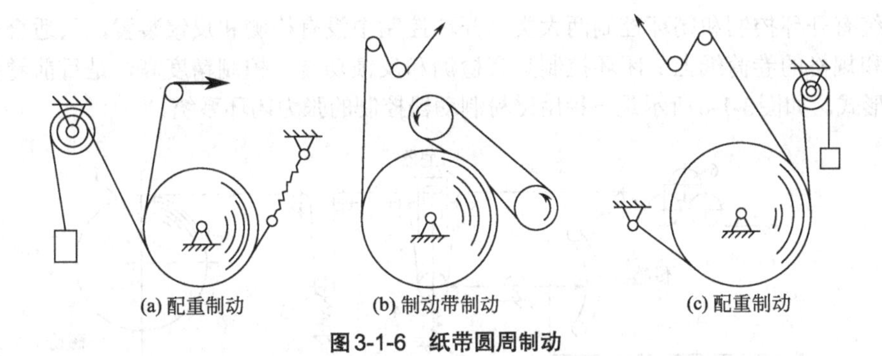

图3-1-6 纸带圆周制动

2.轴向制动

轴向制动是指制动力施加在与纸卷芯部相固连的轴上。轴向制动的优点是制动件不与卷筒纸纸面直接接触，因而不会损坏纸面，也不会产生静电。但轴向制动不能有效地控制偏心纸卷产生的惯性力，特别在大纸卷时尤其明显。现代印刷机用得比较多的轴向制动装置是磁粉制动器。

磁粉制动器主要由外定子1、线圈2、转子3、内定子5和磁粉13等部分组成。磁粉填充在内定子和转子之间，为了减少制动器工作时的升温，在内定子中通过冷却水路系统6来降温，同时在转子上还设有风扇来进行冷却。当励磁线圈2通电时线圈周围产生磁力线9，磁粉13磁化，在转子和内定子间有了磁力矩，从而使转子被制动，到达纸卷制动。可通过调节励磁电流的大小，改变制动力矩的大小。

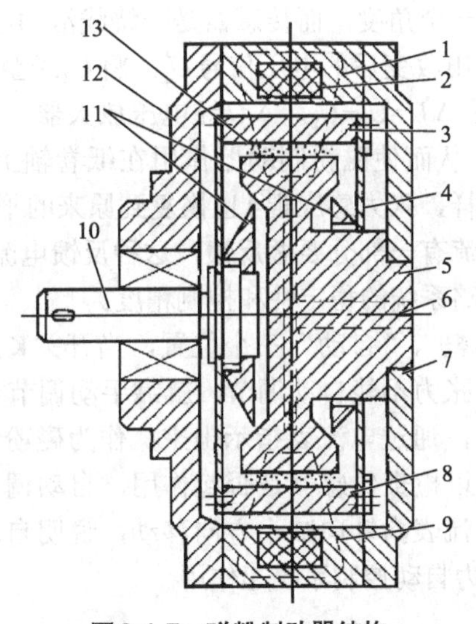

图3-1-7 磁粉制动器结构

1—外定子；2—线圈；3—转子；4—密封环；5—内定子；6—冷却水路；7—后端盖；8—风扇叶片；9—磁力线；10—轴；11—迷宫环；12—前端盖；13—磁粉

任务二 理解纸带张力控制装置

在印刷过程中，纸卷的拉力是不断变化的，为了使纸卷张力恒定，必须是纸卷制动力能够根据张力波动情况自动地进行调整，因此现在卷筒纸印刷机上都有张力自动控制系统。张力自动控制系统有开环控制和闭环控制两大类。开环控制中没有检测和反馈装置，只适合长期使用同一品种和规格的卷筒纸上；闭环控制具有检测和反馈功能，控制精度高，是目前卷筒纸印刷机采用的形式。如图3-1-8所示是一种用磁粉制动器控制的张力闭环系统。

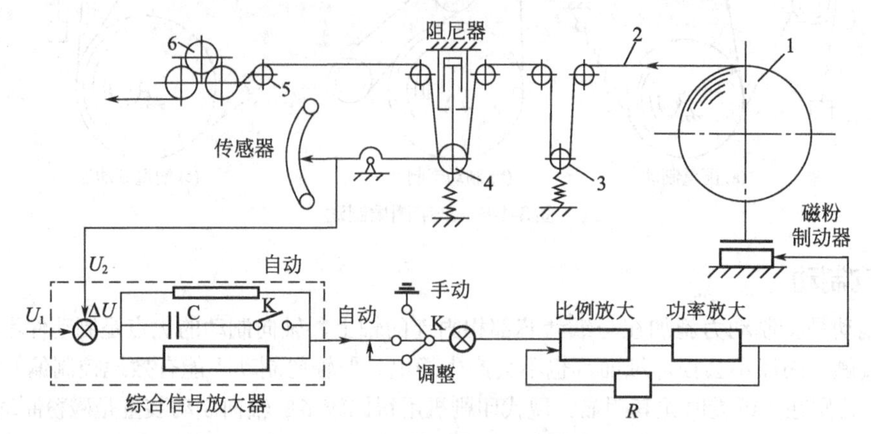

图3-1-8　磁粉制动张力自动控制系统

1—纸卷；2—纸带；3—浮动辊；4—张力感应辊；5—调整辊；6—送纸辊

纸卷1开卷后，纸带2经浮动辊3，张力感应辊4、调整辊5，再由送纸辊6送入印刷部件。电压信号U_1是根据比较合适的印刷张力预先给定的。在印刷过程中，如果由于机器速度的变化、纸卷的偏心、纸卷直径的减小或其他原因使纸带张力发生变化时，就会使张力感应辊产生位移离开平衡位置，绕其支点偏转一个角度，而传感器是一绕线滑动电阻，张力感应棍4位移时，滑动触点的电压发生变化，并发出改变后的电压信号U_2，将U_2送至综合信号放大器，与给定的电压信号U_1相对比，存在电压差$\Delta U=U_1-U_2$，ΔU经电压放大器、功率放大器后，引起通入磁粉制动器的励磁电流发生变化，从而使磁粉制动器作用在纸卷轴上的制动力矩发生相应的变化，纸带的张力恢复到给定值。这样，张力感应辊4也恢复到原来的平衡位置，从而保证走纸作用力的稳定。控制磁粉制动器的电流有一部分要做反馈，这种反馈电流经电阻R的作用，变成电压信号进入比例放大器，可加强电路系统的稳定性和控制精度。

在图中，有“手动”、“调整”、“自动”三个位置，当开关K放在“手动”位置时，传感器和综合放大器不起作用，此时张力不能自动调节，就靠手动调节U_1的大小来改变张力。调节时根据不同纸张，选定合适张力，通过电流表指示出来，作为磁粉制动器控制电流的标准值。当把K放在“调整”位置时，可以检查传感器是否起作用，自动调节系统是否正常。如果正常印刷时，随着纸卷直径减小，电流表指针向减小方向移动，说明自动调整系统工作正常。当把开关K放在“自动”位置时，张力自动控制系统起作用。

项目四　纸带引导机构

任务一　精通纸带导纸系统

纸带导纸系统可以根据印刷和折页等操作要求，对纸带进行输送、传导和控制纸带的运动，其主要作用有：控制纸带的运动路线和方向；翻转纸带或者将纸带重叠在一起；横向和纵向位移纸带。

1.过纸辊

为了控制纸带运动路线，在印刷装置和折页装置之间有很多过纸辊，过纸辊靠与纸带的摩擦力而旋转。

2.纸带的转向

纸带的转向是靠转向辊（棒）来实现的，如图3-1-9所示。

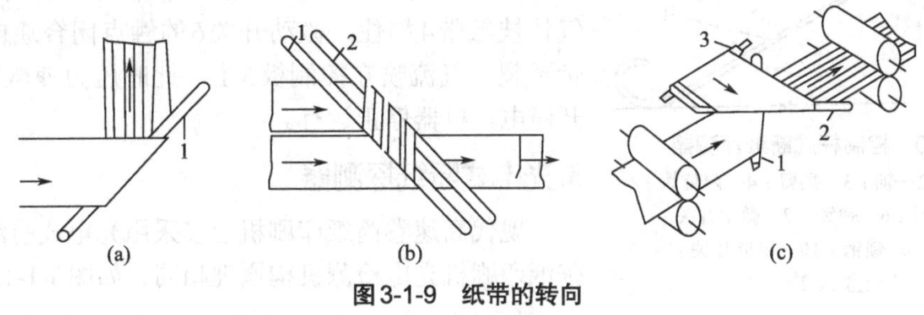

图3-1-9 纸带的转向

1～3—转向辊

转向辊通常需要实现以下三种功能：

① 改变纸带运行方向；

② 使纸带在自身平面内产生横向位移；

③ 使纸带翻转。

转向辊的根数和布局会影响转向辊的功能，纸带的转向常有以下几种情况：

① 用一根转向辊使纸带的运动方向改变90°，同时纸带被翻转；

② 用两根转向辊使纸带重叠对齐在一起，而后被送入折页装置；

③ 用三根转向辊使纸带翻转而方向不变。纸带从前一印刷装置出来经过转向辊1变为与原方向成直角的运动状态，纸带翻转一次；利用转向辊3使纸带又翻转一次。由于转向辊2使纸带运动方向又改变了90°，并且进行了纸带的第三次翻转。这样，纸带通过三根转向辊的作用就翻转了一面并按原方向进入下一个印刷装置。

为了避免纸带被转向辊弄脏，转向辊一般是空心的，并且在转向辊上打有小孔并通入压缩空气，使纸带与转向辊之间形成气垫。

任务二　了解断纸自动检测装置

断纸自动检测装置安装在印刷机构和折页之间，以防止断裂的纸带卷入滚筒，损坏包衬或印版，在印刷过程中发生断纸的瞬间，由探测器进行检测，发出信号，立即停机，以确保机器安全。

探测器就其检测的原理可分为控制杆式、空气式、光电管式断纸探测器等。

1.控制杆式断纸探测器

如图3-1-10所示，在正常印刷时，探测杆1拖在运行的纸带12上面，由摆臂3上的销轴9顶动微动开关摆杆8，使微动开关7的触点闭合。当纸带突然断裂时，探测杆1失去纸带支撑靠自

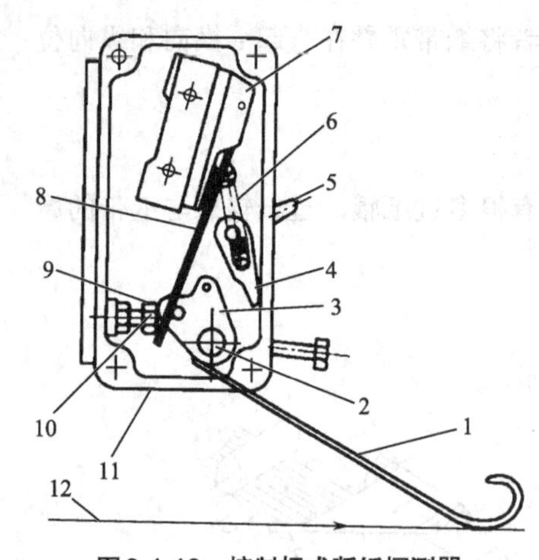

图3-1-10 控制杆式断纸探测器

1—探测杆；2—轴；3—摆臂；4—限位块；5—锁紧手柄；6—弹簧；7—微动开关；8—摆杆；9—锁销；10—限位开关；11—安全盒；12—纸带

重下落，带动摆臂3绕轴2顺时针摆动，锁销9脱开摆杆8在弹簧6的作用下，摆杆8逆时针方向转动，使微动开关7断开电路，机器停止运行。

2.空气式断纸探测器

如图3-1-11所示为空气式断纸自动探测器。供气管1用托架2安装在运行纸带4的上面，在纸带下面的托架7上安装有微动开关6，气管的喷气口3对准纸带下面的微动开关的控制板5。当纸带正常印刷时，喷气口3喷出的气体被纸带4挡住，微动开关6的触点闭合通电。一旦纸带断裂，气流喷在控制板5上，此时压力使微动开关6断开停电，机器停止运行。

3.光电式断纸探测器

现代高速卷筒纸印刷机上多采用光电式检测器，与单张纸印刷机光电检测机构原理相同。如图3-1-12所示。

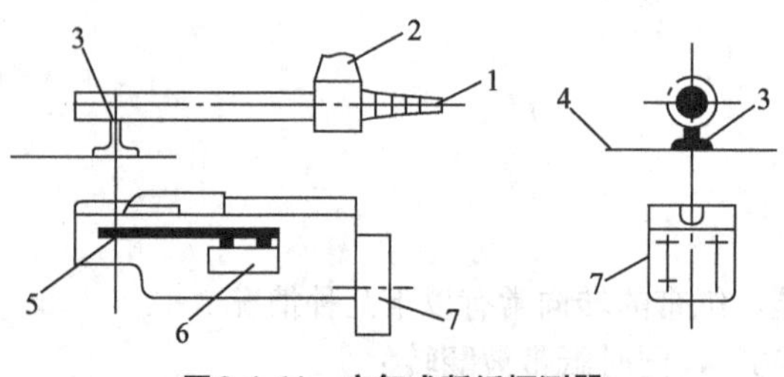

图3-1-11 空气式断纸探测器

1—供气管；2—托架；3—喷气口；4—纸带；5—控制板；6—微动开关；7—托架

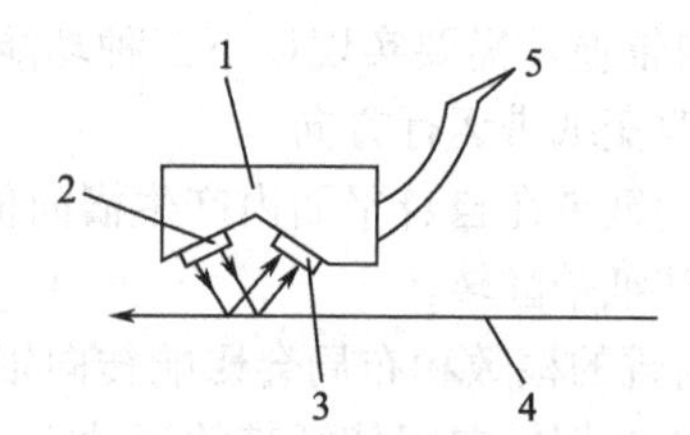

图3-1-12 光电式断纸探测器

1—光点头；2—光源；3—光电接收器；4—纸带；5—导线

习题

1.卷筒纸印刷机的输纸系统由哪些装置组成?

2.纸卷的安装有哪些方式?

3.为什么大型卷筒纸印刷机的纸卷架都采用回转式?

4.影响纸带张力的因素有哪些?分别采用哪些措施进行控制?

5.简述零速自动接纸与高速自动接纸的接纸过程，并分析这两种接纸方式的接纸性能和应用场合。

模块二

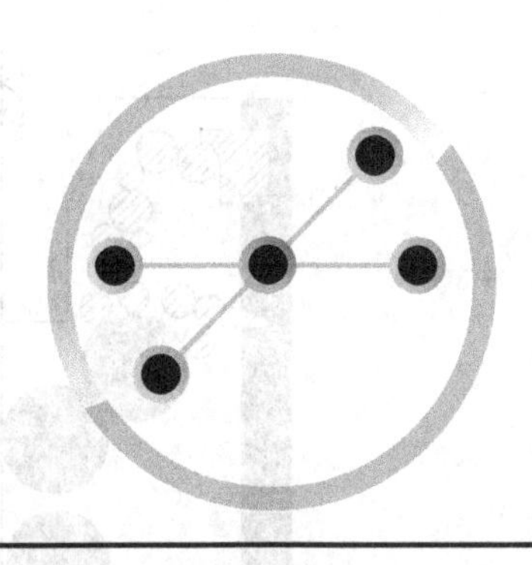

Unit 02

印刷装置

项目一 印刷装置的组成与作用

任务一 了解卷筒纸印刷机的印刷滚筒排列

卷筒纸印刷机一般都可以实现双面印刷，它的滚筒排列与单张纸印刷机有区别，常见的滚筒排列有B-B型、卫星型两大类。

1. B-B型滚筒排列

B-B型滚筒排列是现代卷筒纸印刷机最普遍采用的一种方式。B-B型滚筒排列是指此种印刷机没有压印滚筒，通过两个橡胶滚筒的对滚来完成印刷，它的主要形式有以下几种。

（1）水平排列　如图3-2-1所示，此种结构一个机组可实现双面单色印刷，是最常见的形式。

（2）垂直（H塔式）排列　如图3-2-2所示，此种结构可实现双面双色印刷，采用此种机构形式会使印刷机结构紧凑，占地面积小。

（3）Y型排列　如图3-2-3所示，此种结构一个机组可实现一面双色一面单色印刷，灵活性较好，多用于报纸印刷。

（4）组合式　如图3-2-4所示，它由一个Y型排列和一个垂直型排列组合而成，通过纸带的合理布局，一个机组可以完成一面四色和一面单色印刷。

2.卫星型滚筒排列

如图3-2-5所示为卫星型滚筒排列，几组印刷滚筒共用一个压印滚筒，一次可完成多个颜色的印刷。这种类型的印刷机结构紧凑、印准确，但是干燥时间短，容易混色和蹭脏。

3.滚筒位置的变化

现代有些卷筒纸印刷机可以根据印刷要求，调整某个滚筒的位置并且安排好合理的穿纸路线，以达到所需要的印刷效果，如图3-2-5所示。

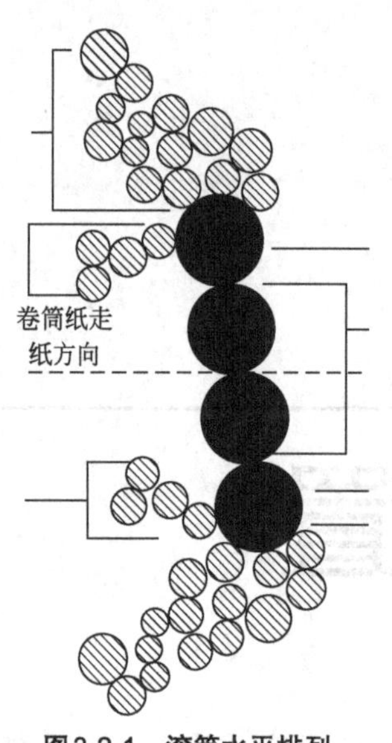

图3-2-1 滚筒水平排列

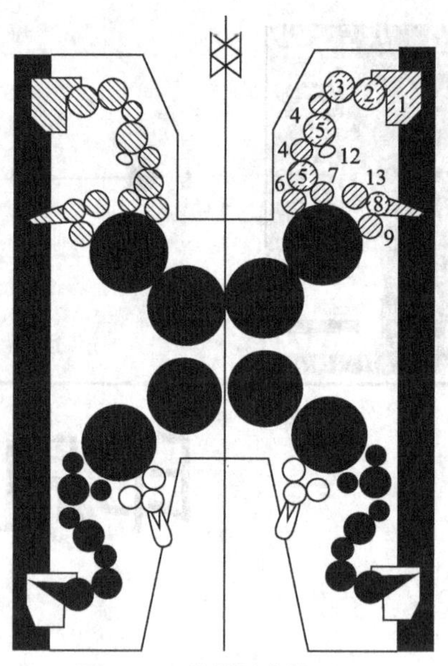

图3-2-2 滚筒垂直排列

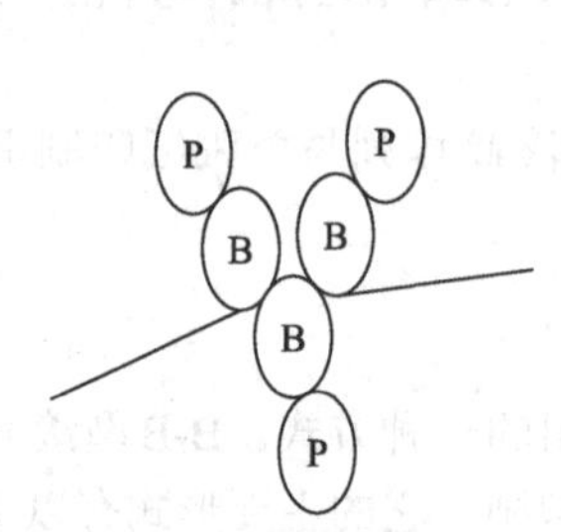

图3-2-3 Y型滚筒排列

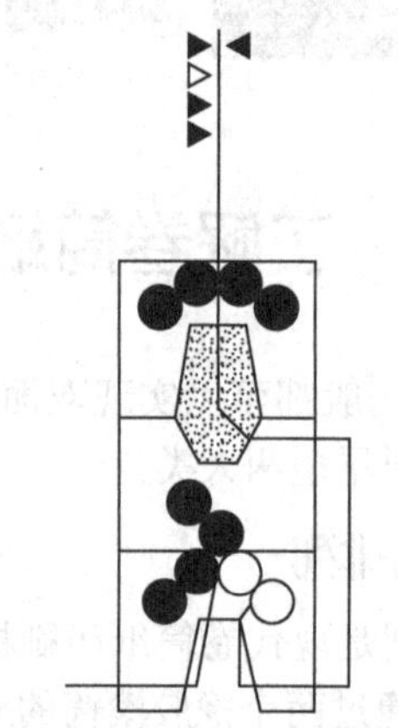

图3-2-4 组合式滚筒排列

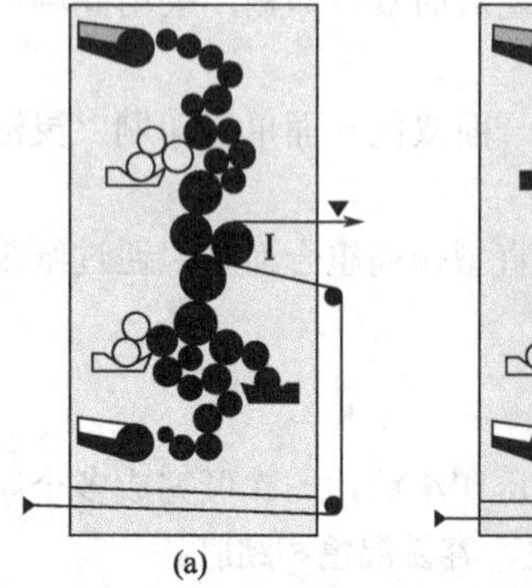

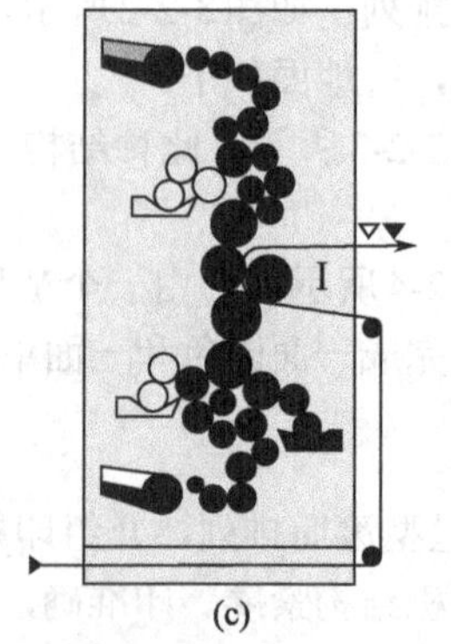

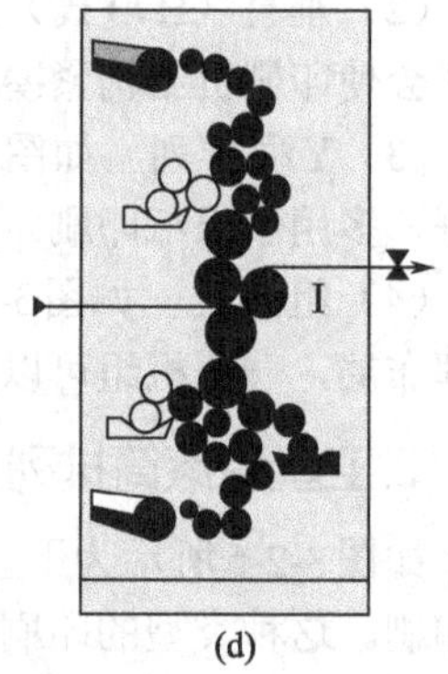

图3-2-5 滚筒位置变化

图3-2-5（a）中，滚筒Ⅰ与上部橡胶滚筒相接触，完成单面单色产品的印刷。

图3-2-5（b）中，滚筒Ⅰ与下部橡胶滚筒相接触，完成单面单色产品的印刷。

图3-2-5（c）中，滚筒Ⅰ与上、下部橡胶滚筒相接触，完成单面双色产品的印刷。

图3-2-5（d）中，滚筒Ⅰ与上部橡胶滚筒相接触，纸带通过上下两个橡胶滚筒完成双面单色产品的印刷。

任务二　掌握印刷滚筒结构

卷筒纸胶印机的滚筒结构基本上与单张纸印刷机结构相同，除此以外，还具备以下几个特点：

① 没有递纸装置和滚筒咬牙等纸张交接机构，套印的准确性取决于印版板夹的正确性和纸张张力的稳定性。

② 滚筒的空挡小，印版和橡胶的装夹机构十分紧凑。有些印刷机滚筒没有空挡，通过套筒技术来安装印版和橡胶布。

③ 滚筒的周长应等于印张的宽度。

④ 印版滚筒没有拉板机构。装入印版后不用调节印版在滚筒上的相对位置，但各色组及正反面的套印，通过印版滚筒在轴向和周向的微调机构来调节印版相对于纸张的相对位置。

卷筒纸印刷机的印刷滚筒的结构和特点，可参考单张纸印刷机的印刷装置部分。

项目二　卷筒纸印刷机的水墨装置

任务一　掌握水墨装置的主要组成

卷筒纸印刷机水墨装置的结构和特点与单张纸印刷机的相似，不过由于卷筒纸印刷机的速度很高，它的供墨装置不是像单张纸那样是间歇供墨，而是连续供墨，为了防止墨斗中油墨表层起皮并保持油墨良好的印刷性能，提高印刷速度，有些卷筒纸印刷机还设有墨辊温度控制装置、自动搅墨装置及自动加墨装置等。

任务二　掌握供墨装置的主要结构

1.供墨装置

（1）传墨辊连续供墨　如图3-2-6所示，传墨辊2是连续转动的，靠墨斗辊1和第一根匀墨辊3的旋转带动，其作用是消除墨斗辊与匀墨辊之间的速度差。这种装置可根据印刷速度将油墨连续、均匀地传给印版滚筒。

（2）波形传墨辊供墨　如图3-2-7所示，传墨辊轴1上有多个单独转动的小偏心胶轮2，两个相邻胶轮在波形辊轴上相差60°，错开形成波形状，称为波形传墨辊。波形辊在推动过程中，每隔一定时间在同一方向几个（一般为6个）胶轮与墨斗辊接触，取墨之后又与匀墨辊接触传墨，因而在匀墨辊表面上就可以得到波浪状的一个个矩形墨层块3。这样在匀墨表面得到的是分

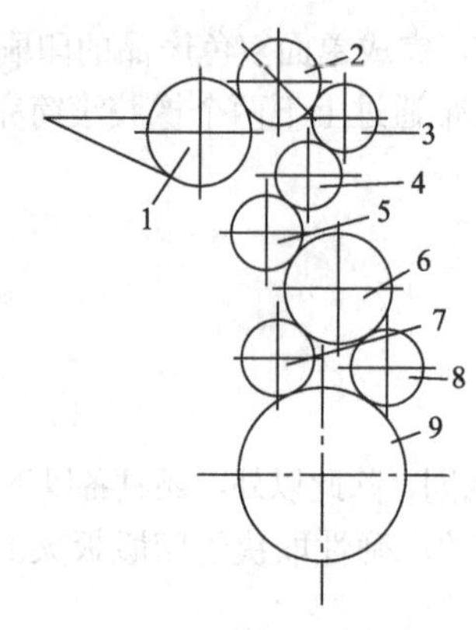

图3-2-6　传墨辊连续传墨

1—墨斗辊；2—传墨辊；3, 5—匀墨辊；4, 6—串墨辊；7, 8—着墨辊；9—印版滚筒

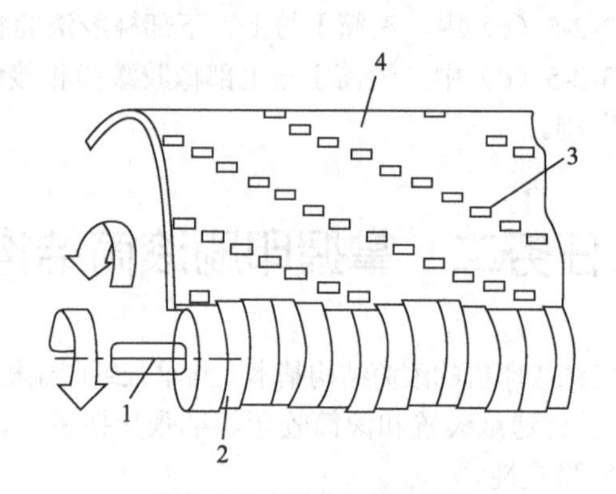

图3-2-7　波形传墨辊供墨

1—传墨辊轴；2—小偏心胶轮；3—矩形墨层块；4—传墨辊展开面

布均匀的散开的墨层，经轴向、周向辗转和窜动，向四周均匀地铺开，便能迅速打匀油墨，适应了高速印刷的要求。波形辊由无极调速电机驱动，通过控制转速实现供墨量的调节。

除了上述两种类型的供墨装置外，还有螺旋槽传墨辊供墨装置、网纹辊供墨装置及喷墨供墨装置等。

2.自动上墨装置

为了满足卷筒纸印刷机速度快、消耗墨量大的要求，先进的卷筒纸印刷机都设有自动加墨装置，自动上墨的结构及工作原理如图3-2-8所示。油墨通过活塞式油泵2从油墨罐1中抽出，经墨管3输送到墨斗上方的油墨分布管4里，经分布管4的多个出口流入墨斗中，墨斗中油墨的高度将由墨斗内的水平调节器5的探头控制。同时探头还可以搅拌油墨，防止油墨起皮。当油墨高度低于探头时，发出信号启动油泵给墨斗加墨。

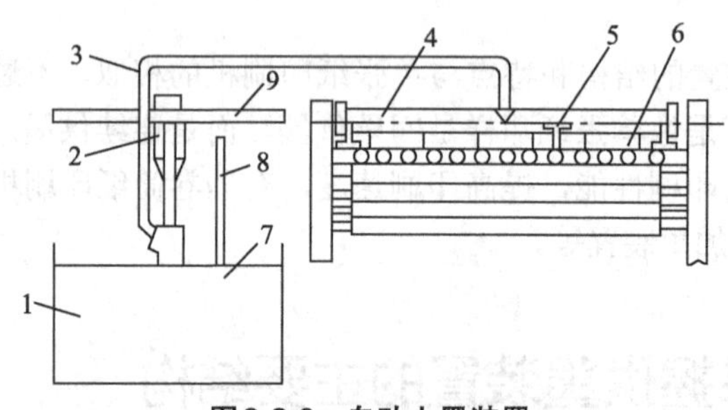

图3-2-8　自动上墨装置

1—油墨罐；2—活塞式油泵；3—墨管；4—分布管；5—水平调节器；6—墨键；7—墨槽盖极；8—排气管；9—横杆

3.自动搅墨装置

为了防止墨斗油墨表面起皮，卷筒纸印刷机一般设有自动搅墨装置。自动搅墨装置由搅墨棒和减速机构、往复运动机构组成。搅墨棒在墨斗里往复运动，不断搅拌油墨，避免墨斗中的油墨起皮，保证了正常供墨。

4.墨辊温度控制装置

匀墨过程中由于碾压、分割以及摩擦作用，会使油墨发热，特别是在高速的卷筒纸印刷机上，这个问题就更加显著。由于发热温度升高势必影响到油墨的流动性，从而破坏水墨平衡，最终影响到印刷质量。而且如果采用热固化油墨，墨辊温度太高时，油墨就可能在墨辊上干燥。为了保持油墨温度不变，现在卷筒纸印刷机在输墨装置中增加了油墨的温度控制装置，如图3-2-9所示。

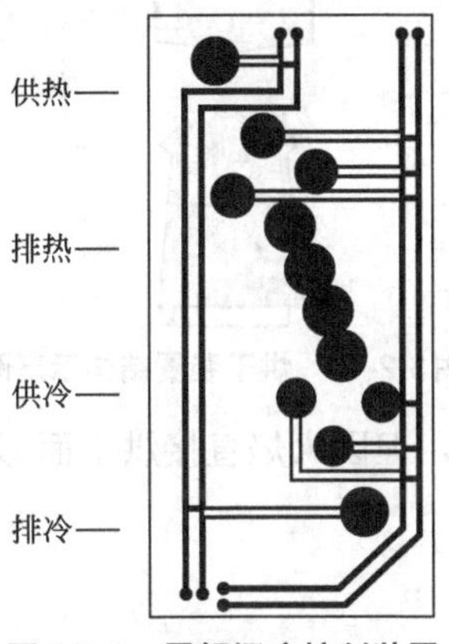

图3-2-9　墨辊温度控制装置

项目三　烘干装置

任务一　了解烘干装置的主要作用

卷筒纸印刷机目前常用的油墨大致可分为两大类，即冷固（快干）油墨和热固油墨。冷固（快干）油墨大都用于书刊、报纸的印刷，这种油墨到纸张上之后，油墨的连接料大部分渗入纸张纤维中，剩下的颜料和少量连接料留在纸表面，氧化而干燥，这种油墨不需要加热即可烘干。而热固油墨干燥时需要加热，其基本原理是油墨中易挥发的溶剂在烘干箱中经加热挥发，同时油墨内的树脂被加热软化，固体的颜料颗粒渗入半流动状态的树脂中，最后经过冷却辊将树脂冷却固化，颜料颗粒固定在纸带表面，油墨也就干燥了。所以在某些卷筒纸印刷机上需要有烘干装置。

任务二　掌握烘干装置的主要方式

烘干的方式很多，有煤气火焰干燥装置、热风烘干装置、煤气火焰和热风混合式烘干装置、电热烘干装置、蒸汽加热滚筒烘干装置、红外干燥装置以及紫外线干燥装置等。前三种烘干装置均为一个四面封闭的干燥箱，如图3-2-10所示，烘干箱的两端各有一个纸带的进出口，纸带通过烘干箱在烘干箱内加热。

1.煤气火焰干燥装置

在这种干燥箱内，前面三分之一是煤气燃烧器，其他三分之二是暖空气喷嘴，对纸带进行加热。烘干温度可以调整。

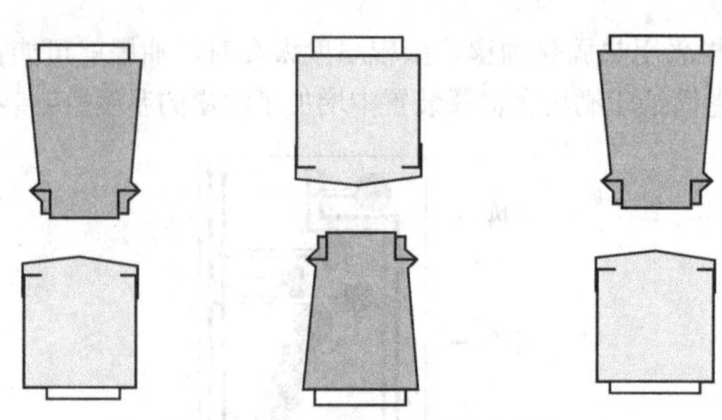

图3-2-10 烘干装置结构示意图

这种烘干箱的优点是烘干箱短，但因火焰直接烘干而影响油墨光泽，故只适用于报纸印刷或要求不高的印件。

2.高速热风烘干装置

因为煤气火焰烘干影响印品光泽，故对要求高的彩色印件一般采用高速热风烘干装置。这种装置包括空气加热装置和烘干箱两部分。加热装置通常用煤气把空气加热，热风在送入烘干箱中，将油墨加热。

烘干箱的长度根据机器速度确定。一般卷筒纸需要在烘干区域保持0.8 ～ 1s的时间，如印刷速度为8m/s，则烘干箱的长度至少需要8m长。烘干箱温度与印刷纸张的克重有关，克重越大，温度越高。烘干温度通常在200℃左右，烘干箱出口处的温度一般为135 ～ 165℃。

热风烘干箱和煤气火焰箱的不同在于喷嘴喷出的是高速热空气，而不是煤气火焰。热风干燥温度比火焰温度低，对油墨光泽影响不大。

3.火焰和热风混合式干燥装置

这种烘干箱具有以上两种烘干箱的优点。

4.红外干燥

采用红外烘干，通过加热降低油墨黏度，加快油墨的渗透速度，并使其氧化作用加快，增加墨层厚度。红外烘干（辐射）装置常用短波和中波。短波（0.8 ～ 2μm，相当于2700 ～ 1500℃的电炉丝温度）辐射主要渗透到纸张。中波（2 ～ 4μm，相当于1500 ～ 750℃的电炉丝温度）主要加热油墨层上的空气。

红外烘干装置多用于半商业印报机。因其机身短，可以安装在印刷机的上部，节省占地面积。但在多个印刷机组时，需要多个烘干装置。由于红外烘干无溶剂挥发，油墨光泽较差，但红外烘干加快油墨的吸收，因此油墨密度可以很高。

5.低温烘干系统

传统烘干装置的烘干温度都很高（200℃左右），因为高温不仅有时会造成印刷质量问题，而且消耗大量能源，提高了成本。目前为了提高印刷质量，降低成本，以及环保要求，低温烘干系统引起人们的重视。其系统是由通过适当的向印版滚筒上的墨辊吹风，以除去墨辊上多余水分的“乳化控制装置”，和在烘干装置出口处的纸带上出热风（一般是经过脱臭处理的清洁热风），以除去残留溶剂的另一个装置组合而成。

6. UV和EB烘干系统

采用紫外线（UV）油墨和电子束（EB）油墨时，需要配置相应的烘干系统。

在使用UV油墨和UV上光油时，需要UV烘干系统。UV干燥的基础是辐射聚合连接料。干燥装置内需要一个或数个UV灯发射UV射线。当产生辐射时，墨膜几乎立即聚合并干燥（一般在1s内）。UV烘干方式中，需要完全不同的连接料和辅助光引发剂。由于墨色油墨能够防止UV辐射渗透油墨层，因此固化效果比彩色油墨和上光油差。UV油墨不含溶剂，所以烘干不会产生溶剂烟雾。激发物辐射装置是一种采用单色光的特殊UV灯，这种辐射装置不含红外，纸张不需加热，也没有臭氧产生。

在使用EB油墨时，需要EB烘干系统。电子束是一种使油墨连接料中的分子离子化，并导致游离基团释放的高能离子辐射。通常，电子束干燥和UV干燥可以使用相同的连接料和油墨。由于高能量辐射，连接料自身已经有足够数量的初始基团游离，因此不再需要光引发剂。电子束干燥必须在惰性气体中进行，因为氧气会导致固话和辐射的降低，并导致油墨层和承印材料表面油墨的减少。EB油墨具有UV油墨的一切优点，但油墨及其干燥系统价格高。

项目四 冷却装置

任务一 了解冷却装置的组成

冷却装置也被称为冷却辊。前述中已经讲到在烘干装置中，必须要有冷却辊。采用热固油墨时，在烘干箱内将油墨溶剂挥发，同时将油墨的树脂软化，必须在冷却辊处冷却，才能使树脂硬化，把颜料颗粒固定在纸带上。常用的冷却装置有三个或四个冷却辊。其工作原理如图3-2-11所示。

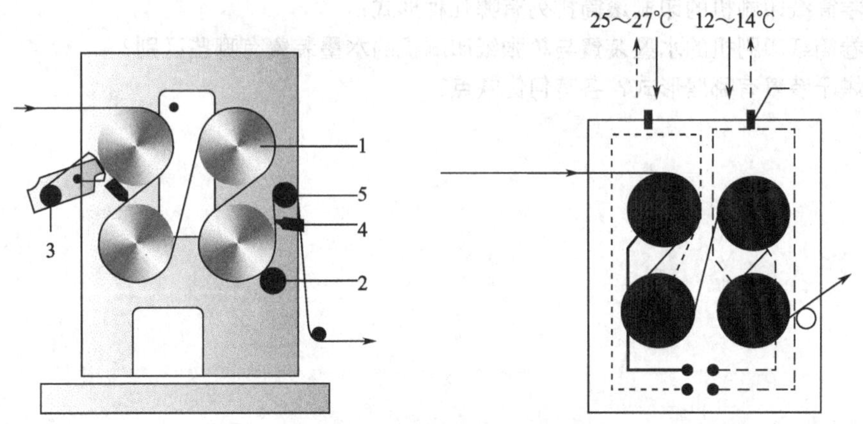

图3-2-11 冷却装置工作原理

1—冷却辊；2—压辊；3—冷却辊清洁装置；4—断纸检测器；5—纸路引导辊

在无烘干装置的卷筒纸印刷机上，完全没有必要设置冷却辊。但在少数卷筒纸印刷机上设有收纸辊。收纸辊已经无冷却的功能，二者之间的区别在于辊内是否通冷却水冷却，通水者为冷却辊，不通水者为收纸辊。

冷却辊设在烘干箱之后，最早的冷却辊都设置在烘干箱的最后部分，与烘干箱做成一体。现在则单独分开成为卷筒纸胶印机单独的一部分。

任务二 了解冷却装置的主要作用

1.冷却作用

根据热固油墨的热性，必须经过冷却才能干燥。纸带从烘干箱内出来经过冷却辊使纸带温度降到30℃以下。这样热固油墨中的树脂固化，也就是使油墨中的颜料固定在纸带上。除了固化油墨外，还可以使纸带本身降温。如果纸带不降温，直接折页后可能使纸变脆或变质。

2.控制张力

冷却辊的速度一般是可调的。通过调节冷却辊表面线速度来保证纸带张力。在一些卷筒纸印刷机上，为了防止纸带不在冷却辊上打滑，往往在冷却辊上加压纸轮，把纸带牢牢地压在冷却辊上，这样更有利于调整纸带张力。

3.展平纸带

纸带从最后一个印刷机组出来到冷却辊，中间经过烘干箱无任何支撑，这段距离很长，加之纸带经过烘干失去水分而收缩，往往纸带易纵向起褶，这种纸带进入折页机将影响折页质量。利用冷却辊可以把纸带展平，使纸带平滑地进入折页机。

收纸辊的作用基本上只有调整纸带张力这一个功能。因为无烘干当然无冷却之必要。收纸辊不用过冷水也无冷却作用。同时因为无烘干，收纸辊离最后一个印刷机组很近，纸带起褶的可能性不大，因此，在一般情况下，无烘干箱时不设冷却辊或收纸辊。

习题

1.卷筒纸印刷机的印刷滚筒排列有哪几种形式?

2.卷筒纸印刷机的水墨装置与单张纸印刷机的水墨装置有哪些区别?

3.烘干装置有哪些形式?各有何优缺点?

模块三

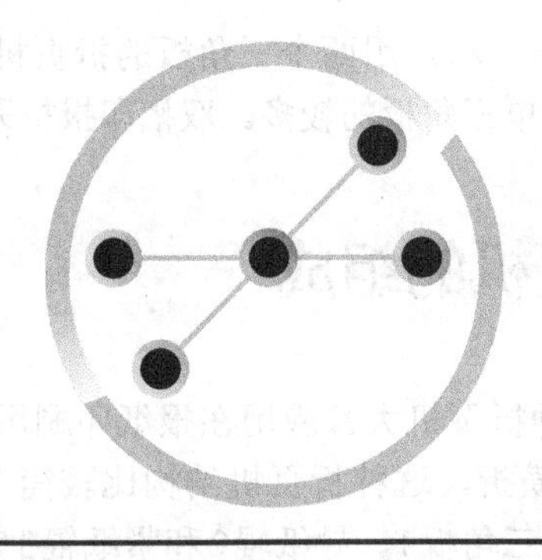

Unit 03

卷筒纸折页机

卷筒纸印刷机一般都配有折页装置，习惯上称为折页机。其功能是将已经印好的连续纸带进行纵切、横折、裁切、折页等工艺加工，把纸带加工成符合要求的折贴并输出。它是提高劳动生产率，减少纸张损耗，提高成品率的重要环节。

卷筒纸折页机是卷筒纸印刷机的重要组成部分，它不但能满足不同折贴折页的需要，而且要求折页准确，使用方便、噪声小、维修简便，并能适应高速折页。

折页机主要包括，由调节辊、花纹辊、圆刀、三角板、导纸辊、打孔机构、紧纸辊等组成的纵切、纵折、打孔装置；由裁切滚筒、折页滚筒组成的横切、横折装置；由折刀、输页台灯组成的十六开纵折装置；由花滚筒、输送带等组成的收贴、输出装置。

折页机主要有冲击式折页机（经常用于报纸卷筒纸印刷机）和滚折式折页机（常用于商业机和书刊机，现在报纸卷筒纸印刷机采用的也越来越多）。

项目一　折页机的基本类型

任务一　了解卷筒纸印刷机折页机的类型

卷筒纸折页机和单张纸折页机不同，它在折页前首先把卷筒纸纸带纵切或纵折，然后裁成单张纸，紧接着折成不同开本的折贴。基本分类方法如下。

（1）按折页方式和结构分　可分为冲击式折页机和滚折式折页机。它们的区别在于：

① 折页方式不同。主要是折页时折页的动作不同。冲击式折页机的折刀在伸出折页滚筒时，几乎是沿半径方向冲出的。而滚折式折页机的折刀在折页时，做滚动运动。

② 结构不同。冲击式折页机的折刀与两个小的花纹折页辊相配合折页。而滚折式折页机的折刀是与另一个滚筒的夹板相配合折页。因此滚折式折页机也叫作夹板式折页机。

（2）按三角板数目分　所谓的三角板数，指一条纸带在折页时经过几个三角板折页。用一个

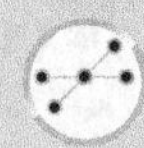

三角板折页的折页机称为单三角板折页机，用两个三角板的折页机称之为双三角板折页机。一般商业机、书刊机和单幅印报机采用单三角板的较多。双幅印报机采用双三角板的较多。

任务二　掌握折页机的组成

（1）冲击式折页机的组成　这种折页机大都应用在报纸印刷用的卷筒纸折页机上，因为报纸印刷大部分只折一个纵折和一个横折。这种折页机结构比较简单，主要由纵切、纵折机构、横折机构、花滚筒和输送带等组成。三角板1、导纸辊2和紧纸辊3完成纵折。紧纸辊3将纸带输送到裁切滚筒6和折页滚筒4之间。折页滚筒4与裁切滚筒6共同配合完成纸带裁切，折页滚筒4和折页花纹辊5配合完成横折。折贴通过花滚筒7减速，掉落在输送带8上，将折贴输送出去。

（2）三滚筒型滚折式折页机的组成　这种滚折式折页机的典型结构如图3-3-2所示。其结构主要由完成纵折用的三角板1、导纸辊2和紧纸辊3；完成横裁切和横折的裁切滚筒11及一折滚筒10；完成二横折的二折滚筒9与一折滚筒10；十六开砍刀式折页机构；花滚筒及输送带等组成。

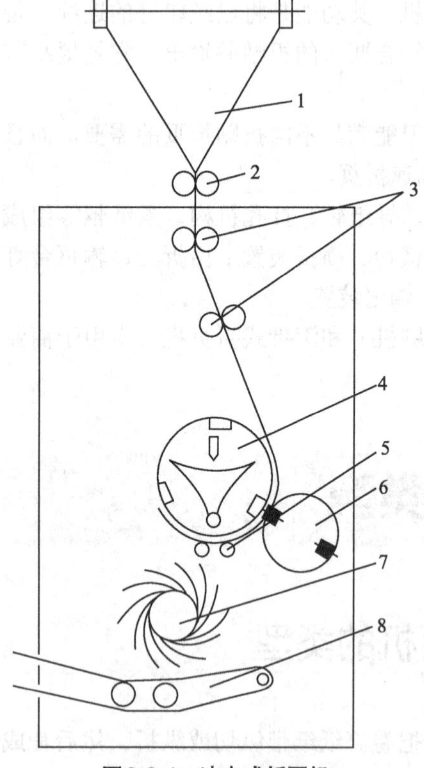

图3-3-1　冲击式折页机

1—三角板；2—导纸辊；3—紧纸辊；4—折页滚筒；5—花纹辊；6—裁切滚筒；7—花滚筒；8—输送带

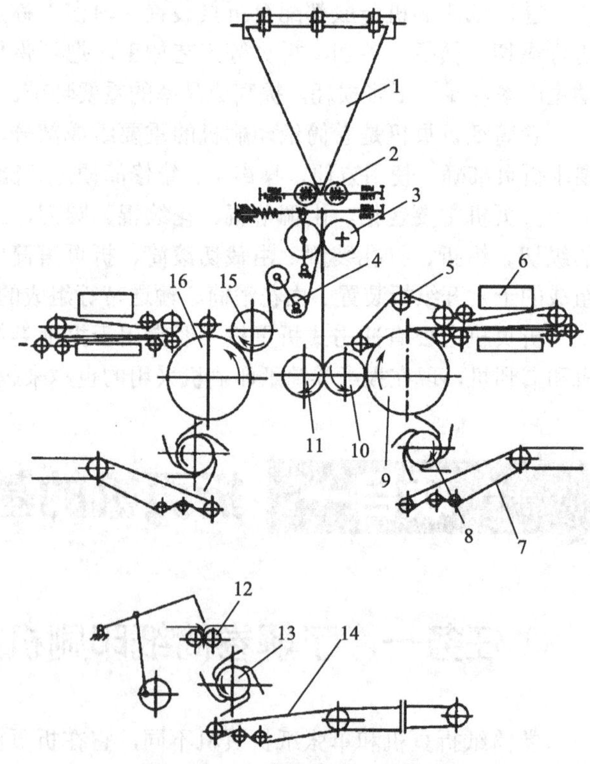

图3-3-2　三滚筒型滚折式折页机

1—三角板；2—导纸辊；3—紧纸辊；4—导向辊；5—出页机构；6—十六开折页机构；7—输送带；8—八开和三十二开花滚筒；9—二折滚筒；10—一折滚筒；11—裁切滚筒；12—折页辊；13—十六开花滚筒；14—十六开输送带；15—左裁切滚筒；16—左折页滚筒

（3）五滚筒型滚折式折页机的组成　在商业及书刊印刷用卷筒纸印刷机中，这种折页机用的较多，其机构如图3-3-3所示。三角板1和导纸辊2及紧纸辊3主要完成纵折；裁切滚筒4和传页滚筒8配合完成纸带裁切；传页滚筒8和一折滚筒12完成第一横折；一折滚筒12和二折滚筒14配合完成第二横折；存页滚筒10的作用是在需要双张同时折页时，传页滚筒8将裁好的第一张折贴纸交给存页滚筒10，先存在存页滚筒10上，待第二张折贴纸裁好后。存页滚筒10再把第一张折贴纸交给传页滚筒8，传页滚筒8将两张折贴纸同时与一折滚筒12完成第一横折。除此以外五滚筒型滚折式折页机还有十六开折页机构及花滚筒和输送机构（与三滚筒型滚折式折页机相同，图中未画出）。

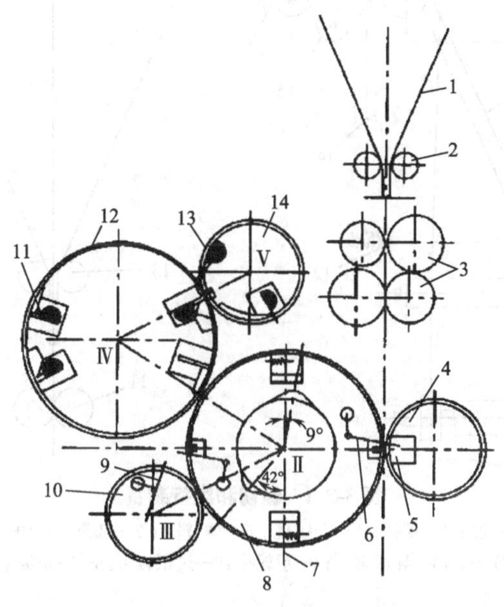

图3-3-3　五滚筒型滚折式折页机

1—三角板；2—导纸辊；3—紧纸辊；4—裁切滚筒；5—裁刀；6—扎针；7—折刀；8—传页滚筒；9—扎针；10—存页滚筒；11—夹板；12—一折滚筒；13—钩子；14—二折滚筒

（4）无扎针折页机　以上无论是冲击式还是滚折式折页机都是有扎针（挑针）的，在折贴的边上有一排针孔。这排针孔除了报纸外，在印刷成品上都不允许存在，必须裁掉，造成不必要的后续工作和纸张浪费。为了解决这个问题，便出现了无扎针的折页机。无扎针折页机和上述折页机的区别主要是没有扎针。因此折页机也有相应的变化，主要有以下三点。

① 纸带横切。不能像其他折页机使用裁切滚筒和传页滚筒横切，而必须有一对专门的裁切辊。

② 单张纸拉开间距。纸带裁成单张纸后，在进入折页滚筒之前需要把单张纸拉开一定的距离，以便使单张纸能按要求进入折页滚筒。

③ 折页滚筒上有叼牙。用叼牙代替扎针带着单张纸在折页滚筒上运动，进行折页。

项目二　纵切与纵折装置

任务一　掌握纵切与纵折装置的组成机构

无论是冲击式折页机还是滚折式折页机，纸带进入折页机后首先对其纵折（根据需要进行纵切或打孔）。各种折页机的纵切和纵折装置的结构基本相同。纵切和纵折装置结构如图3-3-4所示。主要由调节辊、纵切装置、三角板、导纸辊和紧纸辊等组成。

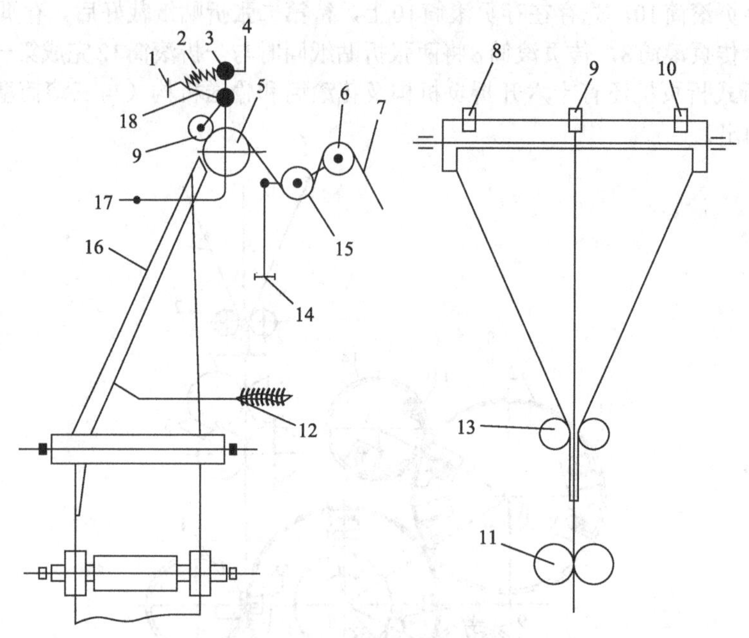

图3-3-4　纵切和纵折装置

1—手轮；2—弹簧；3—轴；4—螺杆；5—花纹辊；6—调节辊；7—纸带；8, 10—压纸轮；9—切纸轮；11—紧纸辊；12—调节杆；13—导纸辊；14—手轮；15—过纸辊；16—三角板；17—手柄；18—连杆

任务二　掌握纵切与纵折装置的具体结构与功能

1.调节辊

调节辊的作用是调节纸带的裁切位置。卷筒纸印刷机的印刷滚筒有一个缺口，纸带在缺口处不能印刷，而空白部分的某一位置就是纸带裁成单张纸的裁切位置。裁切位置正确与否影响横折折页位置。为了保证正确的裁切位置，折页机上都设有调节辊。通过调节辊的不同位置的改变，实现印刷纸带空白部分到裁切刀位置的改变。这个调节通常称为调节天头地脚，调节辊的调节量应大于裁切长度的一半。

2.纵切、纵打孔装置

纵切、纵打孔装置采用圆盘切纸刀或花轮刀与花纹辊配合，在纸带运动过程中，进行纵向切开或打孔。纵切和打孔一般在三角板中间位置进行。在三角板中间位置打孔为第一纵折服务，根据折页工艺要求，第二纵折的打孔也可以在这里进行，但一般第二纵折的打孔放在横打孔装置上。打孔的目的是便于排除折贴中的空气，保证折厚纸时的质量。如图3-3-5所示。

3.折页三角板

三角板亦称成型板。其作用是进行纵折，或在纸带被切开后两个半幅并在一起时起导向作用。纸带在花纹辊和压纸轮的输送和紧纸辊的牵引下，沿三角板的板面和侧边缘自然完成纵折。

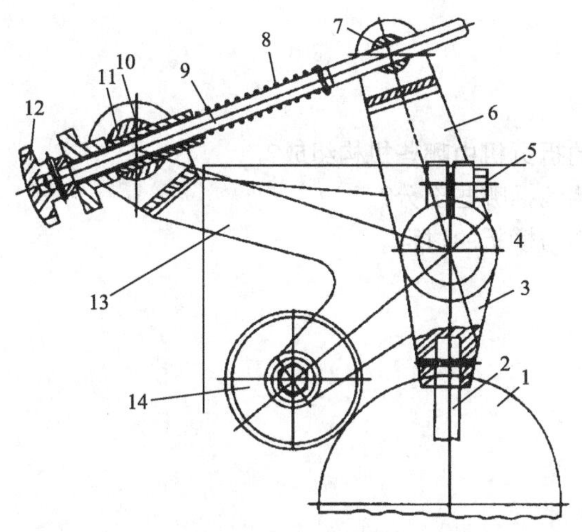

图3-3-5 纵切机构

1—花纹辊；2—手柄杆；3—连杆；4—轴；5—螺钉；6—调整架；7—螺母轴；8—弹簧；9—螺杆；10—螺套；11—螺母轴；12—手柄；13—压纸轮架；14—压纸轮或切纸轮

项目三 横切和横折装置

纸带在完成纵切、纵折后，进入折页前，一般要先进行横打孔（或第二次纵打孔）并对纸带横切，使纸带成为单张纸。

任务一 掌握横切装置

纸带横切工作由裁切滚筒和传页滚筒（或一折滚筒）配合完成。在裁切滚筒上装有裁刀机构，裁刀机构由两侧有裁刀夹、弹簧和裁刀高低调整机构组成。一般裁刀高出裁切滚筒表面3.5mm。传页滚筒上有裁刀垫和扎针，扎针由凸轮控制，一般扎针高出滚筒表面8～10mm。纸带进入裁切滚筒和传页滚筒中心连线之前，扎针先扎住纸带，带动纸带沿滚筒表面继续向前。当扎针带着纸带走过一个裁切长时，这个裁切长的尾端（即第一个单张纸的尾端）进入裁切滚筒和传页滚筒中心连线上，裁切夹和传页滚筒的刀垫挤压住纸带，裁切刀压缩弹簧回缩，露出裁刀将纸带切断。横切完成后，两滚筒继续转动，纸带由扎针带着继续前进。在第一张纸裁切之前，第二排扎针扎住纸带，开始一个新的横切周期。

任务二 掌握打孔装置

纸带在完成纵切或纵切孔、纵折后，在进入横折和第二纵折之前，为了保证厚纸的横折和第二纵折质量，往往需要进行横打孔和第二纵折的纵折孔，这个装置叫做打孔装置，该装置放在两个紧纸辊之间。

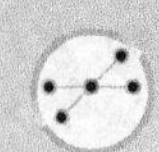

习题

1. 卷筒纸印刷机的折页机由哪些机构组成？
2. 纸带的纵切机构包括哪些部分？
3. 简述纸带的横切与横折的过程。

第四篇

其他印刷机结构与调节

模块一

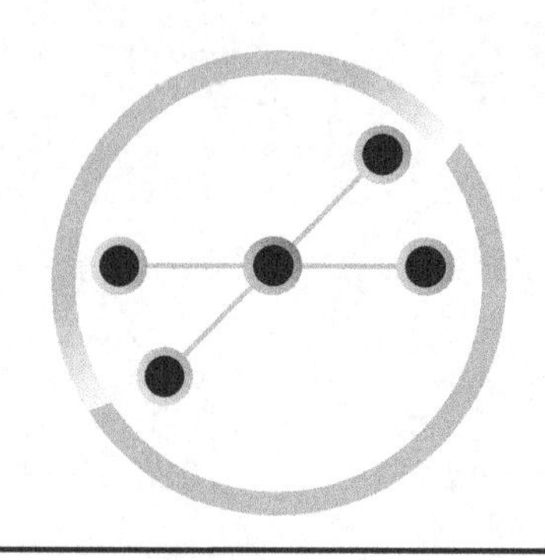

Unit 01

凸版印刷机

项目一 凸版印刷机及其分类

任务一 掌握凸版印刷机的原理与分类

1.凸版印刷机定义及原理

凸版印刷机是印板上的图文信息高于空白区域的机器。印刷机的给墨装置先使油墨分配均匀，然后通过墨辊将油墨转移到印版上。凸版上的图文部分远高于非图文部分，因此，油墨只能转移到印版的图文部分，而非图文部分则没有油墨。给纸机构将承印物输送到印刷部件，在印刷压力作用下，印版图文部分的油墨转移到承印物上，从而完成一次印刷品的印刷，如图4-1-1所示。

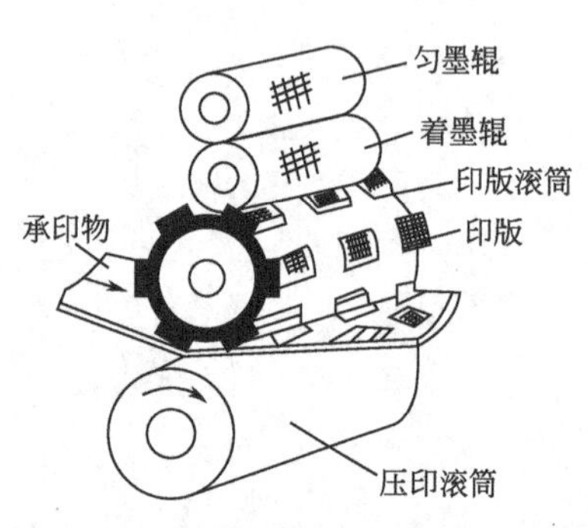

图4-1-1 凸版印刷机印刷部分示意图

2.凸版印刷机分类

（1）平压平型凸版印刷机　平压平型凸版印刷机是凸版印刷中特有的印刷机械。目前印刷厂使用的圆盘机、方箱机都属于这种机型。这类型的印刷机在印刷过程中，产生的压力大且均匀，适用于印刷商标、书刊封面、精细的彩色画片等印刷品。

（2）圆压平型凸版印刷机　圆压平型凸版印刷机在印刷时，圆型的压印滚筒和平面的印版相接触，印刷速度比平压平型印刷机速度要快，有利于进行大幅面印刷。按照压印滚筒的运动形式，圆压平型凸版印刷机又分为一回转和二回转两种。

（3）圆压圆型凸版印刷机　现代圆压圆型凸版印刷机主要指柔版印刷机。柔版印刷机可分为有单张纸柔版印刷机和卷筒纸柔版印刷机。根据图文转印次数可分为直接柔性版印刷机和间接柔性版印刷机。主要印刷纸张、瓦楞纸板、塑料薄膜、铝箔纸、玻璃纸和不干胶材料的印刷等。

任务二 柔性版印刷机的原理与特点

1.柔性版印刷的原理

柔性版印刷是凸版印刷中应用最广泛的印刷方式。本书主要介绍柔性版印刷设备及调节。柔性版印刷最初被称为“苯胺印刷”，因苯胺染料制成的油墨而得名。

国家标准对柔性版印刷的定义为：柔性版是使用柔性版，通过网纹辊传递油墨的印刷方式。在印刷过程中，油墨从墨槽经输墨辊传递到网纹辊上，经网纹辊传递到印版上，经与压印滚筒的接触把油墨传递到承印物上。

2.柔性版印刷的特点

柔性版印刷与其他印刷方式相比，具有自己优势：

① 绿色环保。柔性版印刷使用的油墨主要是以水基型油墨和溶剂型油墨为主，油墨绿色环保、无污染，属于绿色印刷。

② 印刷速度越来越快。印刷速度一般为胶印和凹印的1.5～2倍。

③ 投资少、效率快、收益高。柔性印刷机设备结构相对简单，价格约为相同规格胶印机和凹印机的一半，设备集成性好，大大提高了生产效率。

④ 操作维护简便。柔性版印刷机与胶版印刷机最大的区别在于没有复杂的输墨机构，印刷操作维护成本大大降低。

⑤ 印刷承印物广泛。薄膜包装、纸质软包装、瓦楞纸板、包装卡纸、商标、纤维板等都是柔性版印刷的范围。

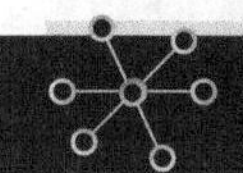

项目二 柔性版印刷机基本结构形式及基本结构装置

任务一 掌握柔性版印刷机基本结构形式

1.单张纸柔性版印刷机

单张纸柔性版印刷机结构可参考单张纸胶印机，其主要区别在于印刷装置和输墨装置，柔性版印刷机是两滚筒结构，印版滚筒直接和压印滚筒接触。输墨装置主要由网纹辊完成，输墨量的多少主要由网纹辊的型号和转速决定。如图4-1-2、图4-1-3所示。

2.卷筒纸柔性版印刷机

卷筒纸柔性版印刷机一般有三种结构形式：层叠式、机组式、卫星式。

（1）层叠式柔性版印刷机　层叠式柔性版印刷机是将多个独立的印刷色组一层一层地以上下

图4-1-2 单张纸柔性版印刷机

图4-1-3 单张纸柔性版印刷机印版滚筒

结合形式装配在机架的一侧或两侧。每一个印刷色组都通过安装在主墙板上的齿轮组传动。层叠式印刷机一般有1～8个印刷色组，人们常见的印刷机一般由6个色组构成。如图4-1-4所示。

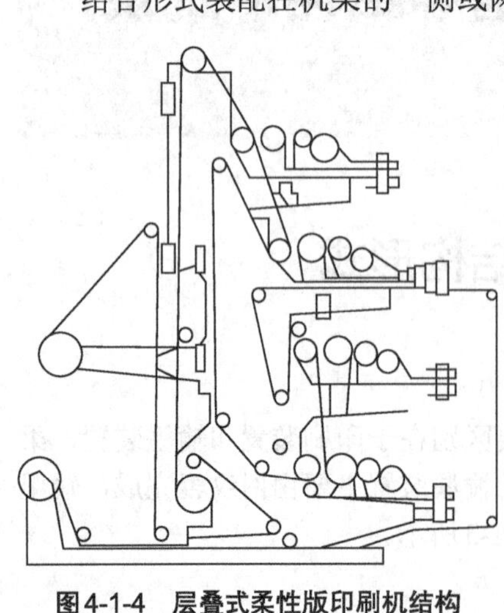

图4-1-4 层叠式柔性版印刷机结构

层叠式柔性版印刷机主要有以下几个优点：

① 操作者在一次走纸过程中通过翻转纸带可实现双面印刷。

② 印刷色组所具有的良好的可接近性，操作印件更换与清洗更加方便。

③ 可承印不同幅面和种类的材料，承印范围广。

层叠式柔性版印刷机主要缺点是由齿轮传动造成的误差积累引起的套印精度问题。承印材料非常薄时，套印精度很难达到要求。

（2）机组式柔性版印刷机 机组式柔性版印刷机的印刷色组是完整的、以独立单元的形式呈水平直线排列，并可能由一个共用的主传动轴进行驱动。机组式柔性版印刷机可以设计任意色数的机组。如图4-1-5所示。

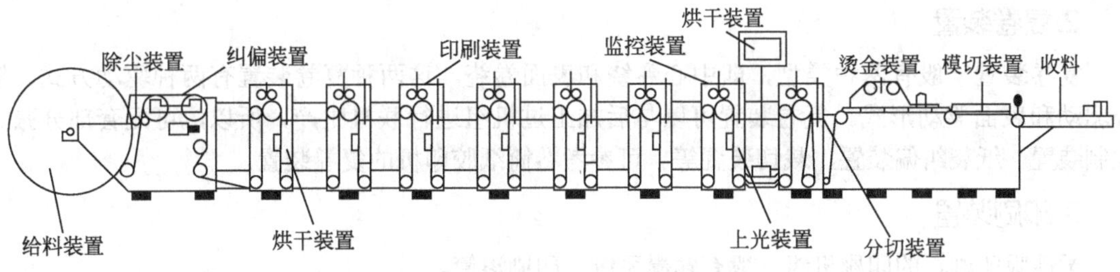

图4-1-5 机组式柔性版印刷机结构

机组式柔性版印刷机主要有以下几个优点：

① 印刷机的独立框架结构无需支撑所有的印刷色组，独立框架结构的机组可以采用独立框架结构平行排列，可以根据需要对机组数量进行调节。

② 一般安装印后辅助设备后，可进行模切、覆膜、烫金、打孔等印后加工。机组式柔性版印刷机一般应用于折叠纸盒、瓦楞纸板后印和多面手提袋的生产，同时也进行其他特殊用途的加工。

③ 承印材料应用范围广，操作方便，套印精度在 ±0.2mm之内，印刷速度在220m/min之内。机组式柔性版印刷机常用于窄幅柔印材料，如烟包、不干胶标签等高级材料上。

机组式柔性版印刷机主要缺点，由于机组呈水平直线排列，占地面积大，纸路显得偏长，如果操作水平不高，会严重影响产品质量和印刷效率。

（3）卫星式柔性版印刷机　卫星式柔性版印刷机也称为共用大压印滚筒印刷机。其印刷色组分散在共用压印滚筒四周。如图4-1-6所示。

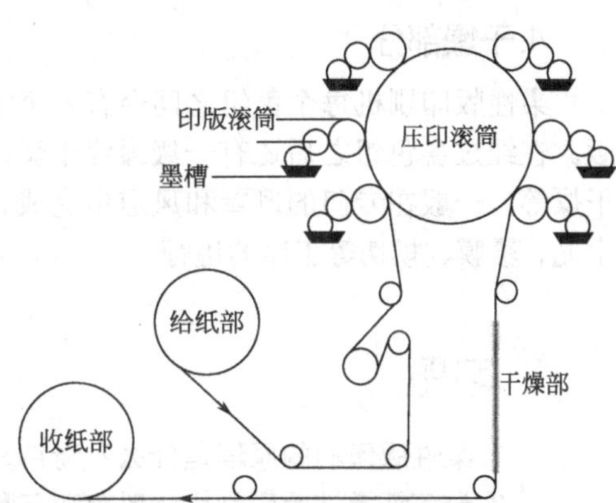

图4-1-6 卫星式柔性版印刷机结构

卫星式柔性版印刷机主要有以下几个优点：

① 套印精度高。承印材料紧附在压印滚筒表面，承印材料在各个色组之间传递时受力一致，使承印材料与压印滚筒之间没有相对滑动，保证了套印精度。

② 承印材料应用范围广，几乎可以适应所有材质的承印物。

③ 印刷速度快。一般压印滚筒直径越大印刷速度越快，油墨干燥技术的发展也提高了其印刷速度。

机组式柔性版印刷机主要缺点，各印刷色组之间距离短，绘油墨的干燥带来困难，间接限制了印刷速度的提高。其走纸路线的不可改变性，决定了其只能进行单面印刷。主要用于印刷塑料材质及餐巾纸等在张力控制下容易伸长的薄型承印材料和精度要求高的产品。

任务二　掌握柔性版印刷机基本结构装置

柔性版的基本结构装置主要有：输卷装置、复卷装置、印刷装置和干燥装置等。

1.输卷装置

柔性版的输卷装置一般通过纸卷轴上的卡纸机构和气动膨胀机构来固定纸卷，通过速度传感器采集输纸速度，通过张力控制机构，调节和控制输纸速度。可参考卷筒纸胶印机的输卷装置。

2.复卷装置

复卷装置一般有两种类型，即中心卷绕和表面卷绕，这两种复卷装置有两种驱动方式，轴心驱动和表面驱动形式。复卷装置可以与后加工过机组进行联机生产，所以，可配套部分张力控制装置、纸袋纠偏装置、裁切装置等。可参考卷筒纸胶印机的复卷装置。

3.印刷装置

柔性版印刷机的印刷机组一般有输墨系统、印刷滚筒。

（1）输墨系统　输墨系统所用油墨一般为水性或溶剂型油墨，一般黏度比较低，所以柔性版印刷的输墨系统墨路比较短。主要由墨槽、网纹传墨辊和刮刀组成。网纹辊通过网纹密度和网纹结构控制传递油墨的多少。

（2）印刷滚筒　印刷滚筒由印版滚筒和压印滚筒组成，它们之间通过离合压机构控制离合压，完成油墨由印版滚筒向承印物的转移。可参考胶印机离合压装置。

4.干燥部分

柔性版印刷机每个色组之间会有一个油墨干燥固化的装置，能够避免色组间湿墨叠印和堵版。在经过各色组之后还有一级最终干燥，主要的干燥方法有热风干燥、红外线干燥、紫外线干燥等，一般在专门的风罩和风道中完成。干燥装置有利于避免复卷时的蹭脏，有利于后续的上光、覆膜、模切等工序的进行。

习题

1.柔性版印刷的原理是什么？特点是什么？

2.卷筒纸柔性版印刷机一般分哪三种结构形式？

3.柔性版印刷机的输墨系统和传统胶印机有什么区别？

模块二

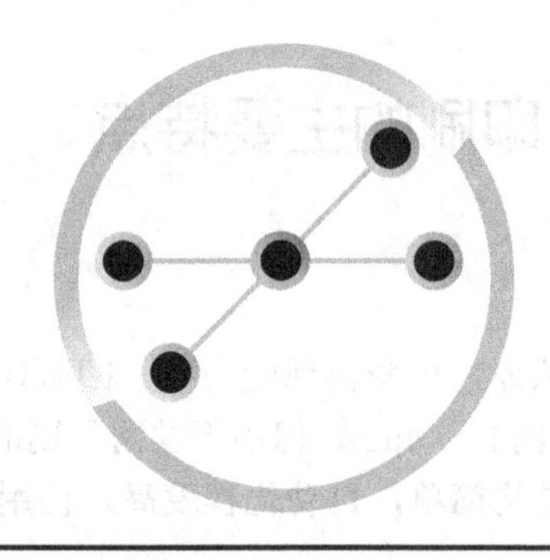

Unit 02

凹版印刷机

项目一　凹版印刷机原理及特点

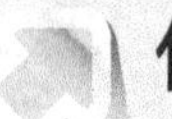

任务一　理解凹版印刷机原理

凹版印刷（见图4-2-11）是使用凹版施印的一种印刷方式，凹版印刷中图文部分低于空白部分，所有空白部分都处于一个平面上，承印物上的浓淡层次的变化由印版图文部分凹进的深浅决定，凹印印版不同部分凹进的深浅决定了印版转移油墨的厚薄和多少，进而决定图文的明暗层次。

凹版印刷机原理简单，印版滚筒浸没在墨槽中或者转动传墨辊，使凹版上的图文部分填充油墨，用刮刀刮去附着在空白部分的油墨，通过印版与压印滚筒的作用下，使填充在凹部的油墨转移到承印物上，如图4-2-2所示。

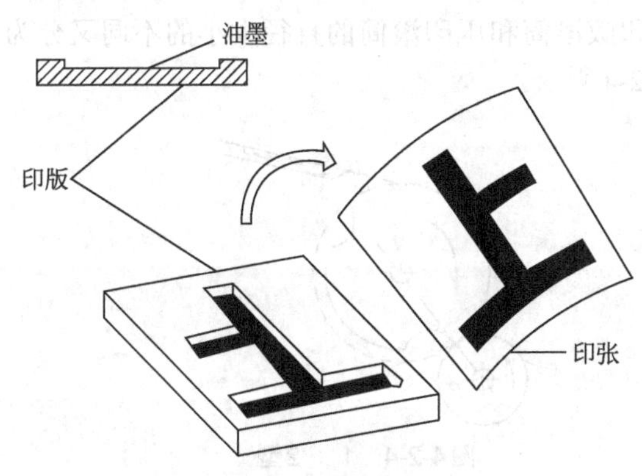

图4-2-1　凹版印刷原理

图4-2-2　印版滚筒及部分输墨装置

 任务二　了解凹版印刷的主要特点

1.凹版印刷的优点

① 凹版印刷的墨层较厚，色调浓厚，色彩再现能力强。凹版印刷的墨层厚度为1 ～ 50μm，远大于凸版印刷的2 ～ 6μm和平版印刷1 ～ 4μm，但小于丝网印刷的15 ～ 100μm。

② 凹版印刷采用短墨路供墨，结构简单，自动化程度高，使用溶剂挥发性油墨，墨层迅速干燥。

③ 采用直接印刷，印刷压力大，版辊镀铬，板面光洁、质地坚硬，耐印率高。可承印材料广泛，版辊可长时间保存，利于大批量印刷和再版印刷。

④ 凹版印刷多采用挥发性干燥油墨，油墨流动性好干燥快。

2.凹版印刷的缺点

① 印刷油墨多以挥发性油墨为主

② 制版工艺复杂，不稳定因素多，周期长、费用高。制版中的腐蚀和镀铬工易造成重金属污染。

项目二　凹版印刷机的主要装置

凹版印刷机与平板胶印机一样，凹版印刷机根据输纸装置和收纸装置的不同可分为单张纸和卷筒纸凹版印刷机，其输纸装置和收纸装置与平版印刷机的输纸装置和收纸装置基本相同，这里主要讨论凹版印刷机的印刷装置和输墨装置。

任务一　理解凹版印刷机的印刷装置

印刷装置主要由印版滚筒和压印滚筒组成。其排列形式分三种：倾斜排列、垂直排列和水平排列，一般以倾斜排列、垂直排列为主。根据印版滚筒和压印滚筒的直径大小的不同又分为两种类型：1 ：1型和1 ：2型。如图4-2-3、图4-2-4所示。

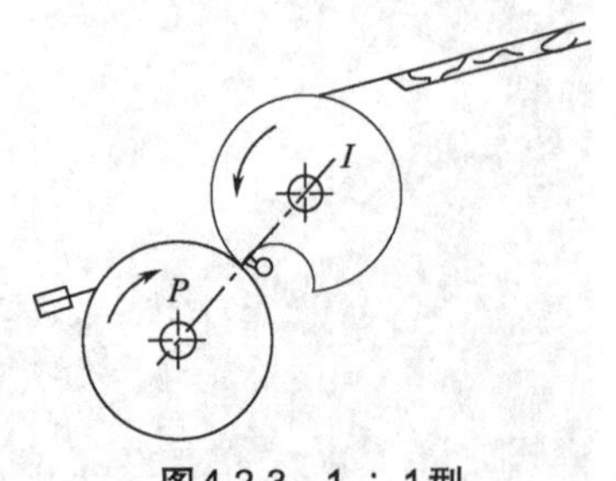

图4-2-3　1 ：1型

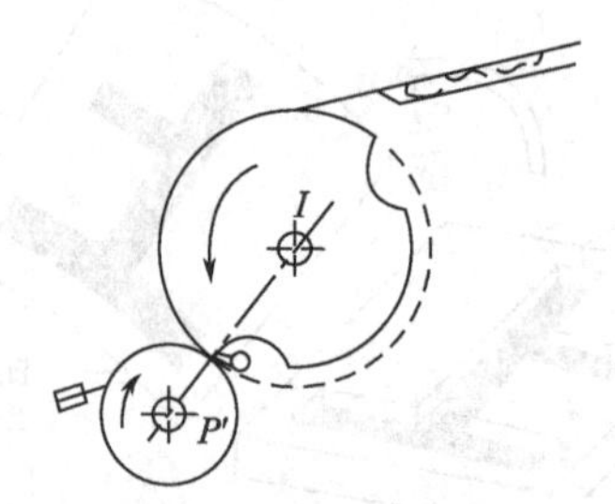

图4-2-4　1 ：2型

（1）1 ：1型。压印滚筒直径与印版滚筒的直径相等。因压印滚筒需安装衬垫而留有卡槽位

置，所以印版滚筒的圆周不能全部作版面使用。

（2）1 ：2型。压印滚筒直径为印刷滚筒的直径的2倍。这种类型的优势主要有：首先，印版滚筒的直径越小，越有利于凹版制版电镀工艺；其次，压印滚筒旋转1周，印版滚筒旋转2周，着墨与刮墨也各2次，着墨效果较好。印版滚筒的整个圆周都可作为版面使用。因此，这种1 ：2型机型得到应用更广泛。

任务二　理解凹版印刷机的输墨装置

1.输墨的基本形式

短墨路输墨是凹版印刷输墨装置的主要特点，其所采用的油墨主要是溶剂型液体油墨，其传输的基本形式主要有浸泡式、墨斗辊式和喷墨式。

① 浸泡式（直接着墨）输墨装置的基本构成如图4-2-5所示：印版滚筒下部约1/3直接浸入到墨斗内油墨液面以下，印版通过印版滚筒的旋转完成着墨，挂墨刀把印版上空白部分的油墨挂掉，如图4-2-5所示，此种输墨结构简单，油墨易进入滚筒紧固件，但油墨易高速飞溅，对刮刀影响大。此种输墨形式是大部分凹版印刷机的标准输墨形式。

② 墨斗辊式（间接着墨）输墨装置印版滚筒的着墨是通过墨斗辊间接完成的，基本构成如图4-2-6所示，墨斗辊半浸泡在墨斗内，墨斗辊通过旋转把墨斗槽内的油墨传递到印版滚筒上，油墨较均匀，对刮墨刀影响小，但油墨易高速飞溅。卷绕式印版滚筒结构一般采用此种输墨装置。

③ 喷墨式输墨装置是将印版滚筒置于密闭的容器内，由喷墨装置将油墨直接喷射在版面上，然后由刮墨刀将多余的油墨刮掉，完成着墨过程，如图4-2-7所示，这种输墨装置因采用密闭式结构，油墨内的溶剂挥发较少，可以保持油墨性能的稳定性。其在输墨过程中循环供墨，墨色均匀，无飞溅，对刮墨刀影响小，结构复杂，现代高速凹印机一般采用这种装置。

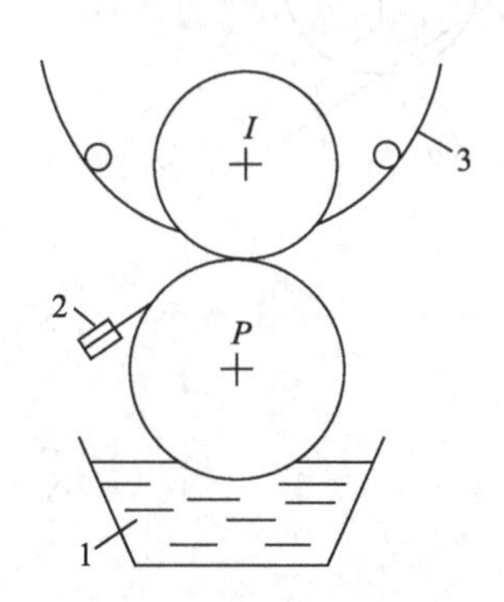

图4-2-5　浸泡式输墨装置
1—墨斗；2—刮墨刀；
3—承印物

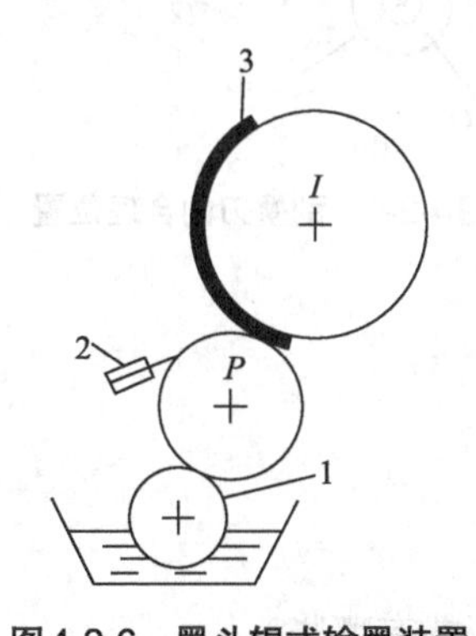

图4-2-6　墨斗辊式输墨装置
1—墨斗辊；2—刮墨刀；
3—承印物

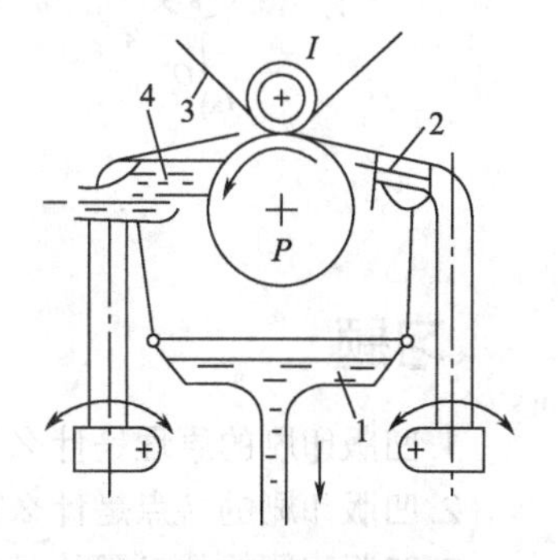

图4-2-7　喷墨式输墨装置
1—辅助墨槽；2—刮墨刀；
3—承印物；4—喷墨装置

2.刮墨装置

刮墨装置的作用是将印版经着墨后的空白部分的油墨刮掉。刮墨装置主要由刮墨刀、夹持板和压板等组成，如图4-2-8所示。刮墨刀为钢制刀片，其厚度一般在0.15 ～ 0.30mm之间。刮墨刀与压板重叠后置于上、下夹持板中间用紧固螺钉压紧。刮墨刀的刃口部经精细研磨以保证其平整、光洁，提高刮墨效果。压板的作用是增强刀片的弹性，保证与印版表面保持良好接触状态。

图4-2-8　安装刮墨刀

刮墨刀刀片与印版滚筒表面切线接触的角度称为接触角，即刮墨刀刀刃在印版滚筒接触点的切线与刮墨刀所夹的角度Φ，一般以30°～60°为宜。

刮墨刀的位置如图4-2-9所示，一般以α角的大小来确定。

α角为两滚筒的中心连线OO和通过刮墨刀与印版滚筒的接触点到该滚筒中心点的延长线AA所夹的角。从图中可以看出，随着α角增大，油墨在刮掉多余油墨后到进行印刷中间经过的时间就增加，油墨就越容易变干。实践证明，一般情况下，α角小一些比较有利。也就是说，应使刮墨刀与印版滚筒表面的接触点尽量靠近两滚筒的压印点，如图4-2-9（a）所示。

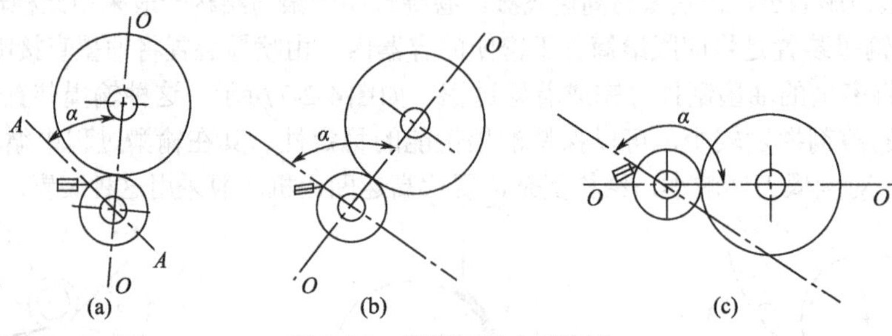

图4-2-9　刮墨刀的合理位置

习题

1. 凹版印刷的原理是什么？
2. 凹版印刷的特点是什么？
3. 凹版印刷机的输墨的基本形式有哪些？
4. 简要说明凹版印刷机喷射式输墨装置的结构。

模块三

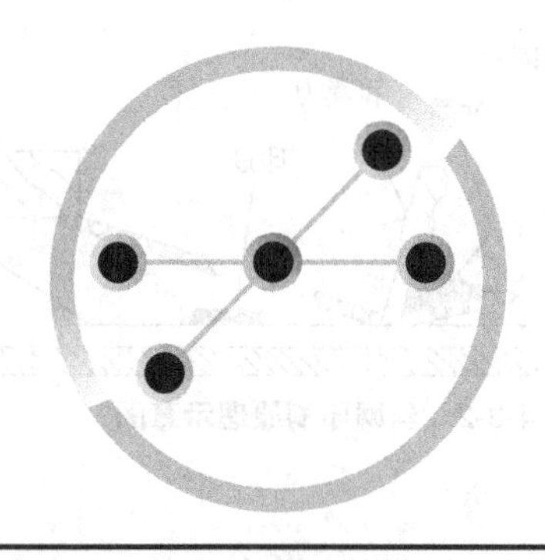

Unit 03

孔版（丝网）印刷

项目一　孔版（丝网）印刷及其原理、特点

任务一　掌握孔版（丝网）印刷的原理

孔版印刷主要原理是漏印。其中丝网印刷应用最广泛，最具有代表性。丝网印刷是将丝网紧绷于网框上，并在丝网上制成堵塞非图文部分网孔的模版，利用刮刀的刮压，将网版上的油墨，从图文处的网孔漏印到承印物上去的印刷方式，如图4-3-1、图4-3-2所示。相比于其他三大印刷方式，丝网印刷可应用油墨的种类也非常多，广泛应用于电子、印染、商业装潢、工艺美术、陶瓷装饰、建筑等领域。

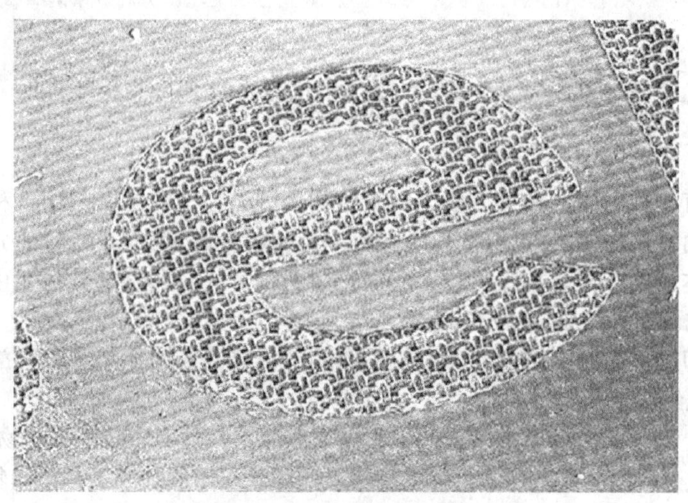

图4-3-1　丝网印版示意图

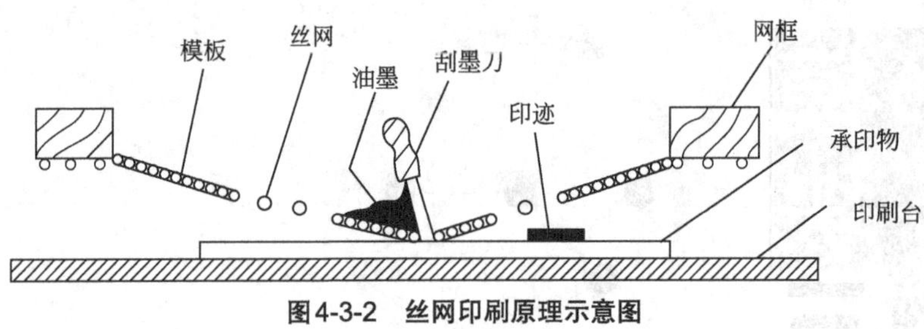

图4-3-2 丝网印刷原理示意图

任务二 掌握丝网印刷的特点

（1）适用承印物范围广，印刷适应性强。凸、凹、平三种印刷方式只能在平面上进行印刷，而丝网印刷还可以在球面等凹凸面进行印刷。除此之外，丝网印刷由于印版柔软，印刷压力小，所以可以在软质材料和易碎物品上进行印刷，可承印物范围非常广。

（2）墨层厚，立体感强，覆盖力强。丝网印刷墨层厚度可达到30～100μm，是四种基础印刷方式中墨层厚度最厚的印刷方式。所以，一些特种印刷经常使用丝网印刷方式，比如：电路板的印刷、盲文的印刷等。此外丝网印刷的墨层厚度可调范围也很广，最薄可达6μm，通过叠印最厚可达1000μm，所以丝网印刷具有很好的遮盖力。

（3）对油墨的适应性强。丝网印刷的漏印原理决定了其对各类油墨都具有很好的适应性。水性、油性、合成型、粉体等各种油墨，甚至糨糊、油漆等均可使用。也可以把耐光性颜料、荧光颜料等放入油墨中，使印刷品的图文不受气温和日光的影响永保持光泽。

（4）承印物幅面大小范围大。丝网印刷,大幅面可达3m×4m，还能在超小型、超高精度的特品上进行印刷，结合可印刷的承印物种类，丝网印刷具有非常大的灵活性和广泛的适用性。

项目二 丝网印刷设备结构及分类

任务一 掌握丝网印刷设备结构

丝网印刷机有多种不同的种类，根据网版结构，可分为平网丝网印刷机和圆网丝网印刷机两大类，其结构简单，主要由给料部分、印刷部分、收料部分组成。给料部分和收料部分一般与平版印刷机基本相同，分为单张材料和卷筒材料两种形式。印刷部分主要由丝网印版、刮墨板和承印平台组成。

以平网丝网印刷机为例，对丝网印刷机的印刷部分装置简介如下：印刷部分装置主要由刮墨系统和回墨系统组成。

刮墨系统是让刮墨板在运动中挤压油墨和丝网印版，使丝网印版与承印物形成一条压印线，由于丝网具有张力，对刮墨板产生力，弹力使丝网印版除压印线外都不与承印物相接触，油墨在刮墨板的挤压力下通过网孔，从运动着的压印线漏印到承印物上。印刷过程中，丝网印版与刮墨板进行相对运动，挤压力和回弹力也随之同步移动，丝网在回弹力作用下，及时回位与承印物脱离接触，以免把印迹蹭脏。丝网在印刷行程中，不断处于变形和回弹之中。如图4-3-3所示。

回墨系统是刮墨板在完成单向印刷后与丝网印版一起脱离承印物，同时进行返程回墨，回墨是在一次刮印之后，把油墨送回起始端并均匀地在丝网印版上敷上一层油墨，以防止网版干燥。回墨一般由回墨板完成，即完成一个印刷循环。回墨后承印物的上面与丝网印版反面的距离称为同版距或网距，一般应为2～5mm。如图4-3-4所示。

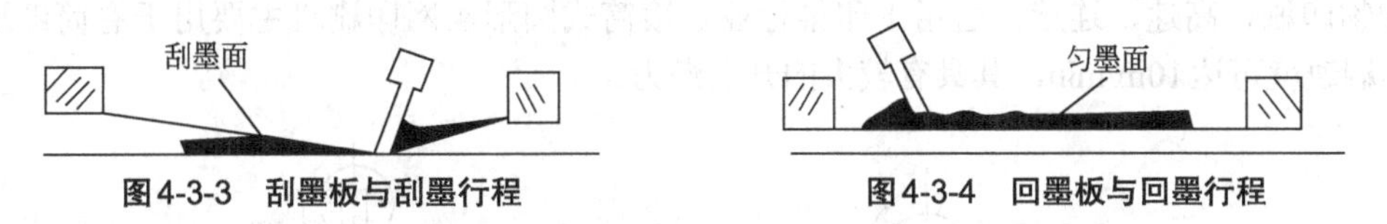

图4-3-3 刮墨板与刮墨行程

图4-3-4 回墨板与回墨行程

任务二 理解丝网印刷设备的分类

丝网印刷机按照自动化程度不同，可分为手动丝网印刷机、半自动丝网印刷机、自动丝网印刷机。按照承印物的形式不同可分为单张纸承印物平面丝网印刷机、卷筒承印物平面丝网印刷机和曲面丝网印刷机。下面主要以平面丝网印刷机和圆网丝网印刷机为例，说明丝网印刷机的印刷部分装置。

（1）平面丝网印刷机　平面丝网印刷机是网版呈平面的丝网印刷机。平面丝网印刷机是丝网印刷机的标准机型，其占有率约占丝网印刷市场的80%以上，平面印刷主要以广告、卡片类、金属及塑料标牌等平面承印物为对象。

① 滚筒式平形丝网印刷机。主要由网版、刮墨版和滚筒组成。根据印刷色数和自动化程度又可以分为单色自动型和多色自动型。其特点是刮墨板处于网版上部中间位置，只做上下往复与网版接触、分离运动。承印物从网版与滚筒之间通过时，刮墨版向下移动，与网版接触，并对网版施以一定压力，此时，网版开始向右运动，滚筒靠网版对其表面的摩擦力与网版同步转动，油墨在刮墨板的挤压作用下，从网版图文部分漏印到承印物上完成印刷，如图4-3-5所示。

此种自动单张纸印刷速度每小时可达3000英寸以上，可印刷贴画纸和商标等。

② 铰链式平形丝网印刷机。也叫揭书式丝网印刷机。印刷台水平配置固定不动，网版绕其一边摆动，当网版摆至水平位置时刮墨刀往复运动进行印刷，网版向上摆动完成一次印刷，如图4-3-6所示。

链式结构简单，尺寸适应性大，上下料空间大，刚性差、精度低，速度慢。可印服装、宣传画、玻璃等。大多数手动和半自动丝网印刷机采用这种形式。

③ 升降式平形丝网印刷机。网版处于水平固定位置，刮墨板往复运动完成印刷过程。当刮墨板与网版接触运动时，印刷台处于上升靠近网版位置。当刮墨板返回起始位置时，印刷台下降进行收料和给料，如图4-3-7所示。

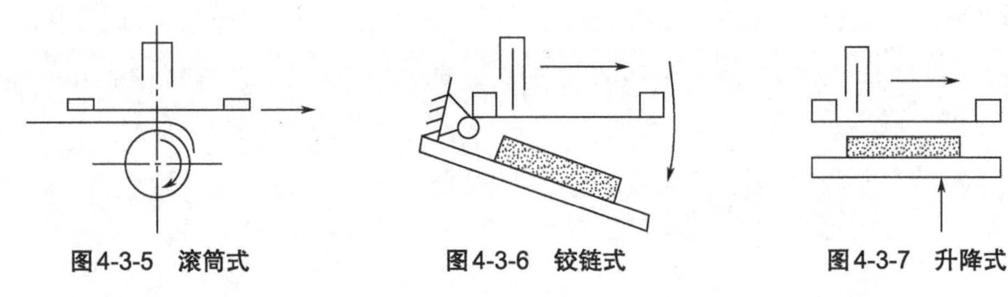

图4-3-5 滚筒式　　图4-3-6 铰链式　　图4-3-7 升降式

升降式平形丝网印刷机，大多用于半自动或全自动丝网印刷机，可使用单张纸或卷筒纸承印物。工作平稳、套印精度好，适用于印刷电路板、电子元件及多色丝印。

（2）圆网丝网印刷机　圆网丝网印刷机主要是指采用圆筒型金属丝网的丝网印刷机。主要分为平台式和滚筒式，如图4-3-8、图4-3-9所示。在圆形网筒内部设有供墨辊和固定刮板。印刷时承印物的移动要和网版的旋转同步进行，实现连续印刷。平台式圆形丝网印刷机主要用于单张承印物印刷，高速、连续，适用于印染行业；滚筒式圆形丝网印刷机主要用于卷筒纸连续印刷，印刷速度可达10m/min，其具有较大的开发潜力。

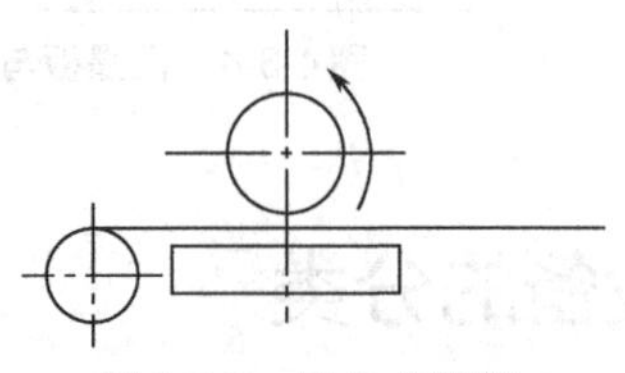

图4-3-8　平台式圆网

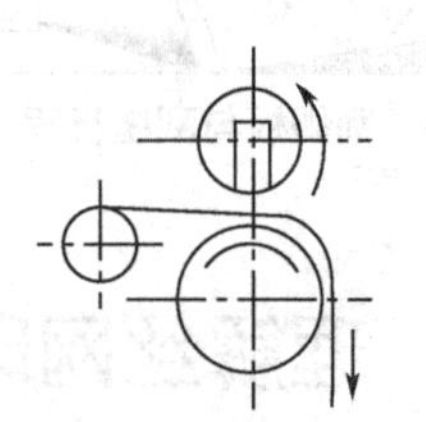

图4-3-9　滚筒式圆网

习题

1. 丝网印刷的工艺原理是什么？特点是什么？
2. 丝网印刷机的印刷部分主要由哪两部分组成？简要说明这两部分的作用。
3. 简要说明丝网印刷机的分类。

模块四

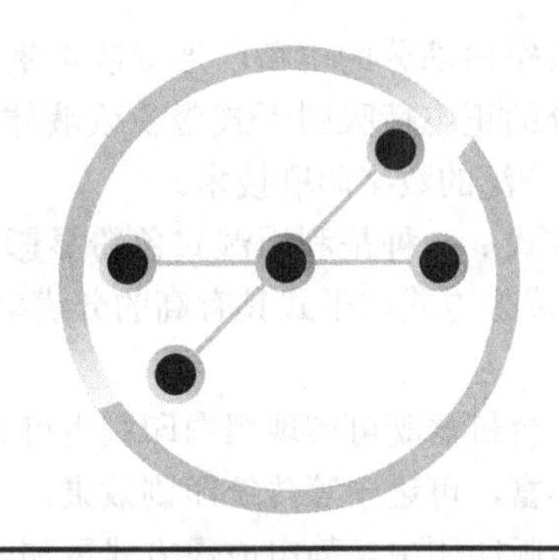

Unit 04

数字印刷机

项目一　数字印刷机原理及其组成

任务一　掌握数字印刷机原理

数字印刷是指利用数字技术将计算机中处理好的原稿信息直接记录在印版或者承印物上，即将计算机制作好的数字页面信息经过RIP处理、激光成像后直接输出印版或印刷品的一种印刷技术。数字印刷使印刷摆脱了印版的束缚，是印刷技术的一次重要变革。

任务二　掌握数字印刷系统的组成

数字印刷系统主要由以下基本部分构成：图文信息处理系统、栅格图像处理系统、成像系统、输墨系统、图文转移系统、后处理系统等。

1.栅格图像处理系统

栅格图像处理系统又叫RIP系统，在图文信息输入系统和数字印刷机之间起到了翻译和解释的作用，它可以将计算机上采用的数字语言转换为数字印刷机上认可的数字点阵描述语言，是数字印刷机上所不可缺少的部件。

2.成像系统与输墨系统

数字印刷技术按照数字成像技术的不同可分为：静电成像技术、喷墨成像技术、磁成像技术、热成像技术、电凝聚成像技术等。现今最成熟应用、最广泛的数字印刷技术主要是静电成像技术和喷墨成像技术两种。

（1）静电成像　静电成像是用激光或发光二极管对光导体对滚筒表面进行扫描，改变其表面的电荷，保留图文部分的电荷而释放空白部分的电荷，形成静电潜影，再利用带点色粉和静电潜影之间的电荷作用力，使图文部分的正电荷吸引干式墨粉或液体呈色剂，将其转移到承印材料上，完成印刷。静电成像是应用最广泛的数字印刷技术。

在静电成像系统中有两种显影方式：一种是利用湿式色粉显影，另一种是采用干式色粉显影。湿式色粉又称为电子油墨，这种成像方式比干式具有高的分辨率。

静电成像具有以下特点：

① 承印材料可采用普通纸张，一台机器既可实现黑白印刷也可完成彩色印刷。

② 从印刷效果上看，阶调层次丰富，可达中等传统印刷效果。

③ 不受印量的限制，尤其是在短版印刷中，静电成像方式更加经济。

（2）喷墨成像　RIP后的数字化图文信息直接输送到数码印刷机的成像系统，采用连续喷墨方式，用成像信号控制墨水的运动轨迹，使墨水到达需要印刷的图文部分所对应的材料表面，最终在承印物上形成稳定的印刷图像。现今印刷速度快的生产型数字印刷机大都采用喷墨成像技术，喷墨成像是一种非常有发展潜力的数码印刷方式。

喷墨成像具有以下特点：

① 为保证成像质量，喷嘴直径一般为30～50μm，以达到足够的清晰度；

② 成像分辨率一般在300～600dpi之间；

③ 一般要求油墨中的溶剂、水能够快速溶入承印物，以保持其较高的成像和印刷速度；

④ 可以在各种平面和非平面承印物上成像，包括各种纸张、纸板、织物、皮革、塑料、金属、玻璃、陶瓷等。

3.图文转移系统

图文转移的方式有很多种，根据成像载体上的墨粉潜影吸附的墨粉影像直接转移到承印物上，还是先转移到中间载体再转移到承印物上的不同，图文转移系统的图文转移方式又分为图文直接转移系统和图文间接转移系统。如图4-4-1、图4-4-2所示。

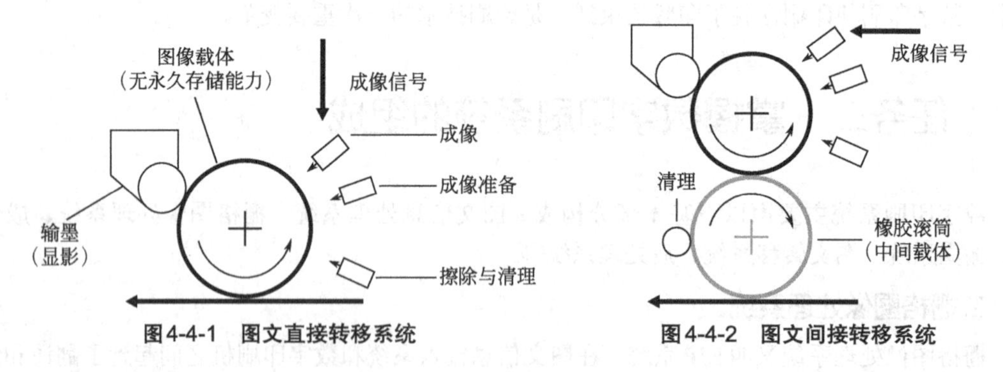

图4-4-1　图文直接转移系统　　图4-4-2　图文间接转移系统

项目二　数字印刷机系统结构

印刷机的核心部件是印刷系统，印刷系统的结构性质直接决定的数字印刷机的性能和参数。数字印刷系统中核心部件是成像系统部件和图文转移系统部件。它们的不同排列组合决定了数字印刷机的系统结构性质。根据彩色数字印刷机的承印物是多次通过同一印刷装置完成多色印刷，还是由多个单色印刷装置完成多色印刷的不同，可以分为多路系统结构和单路系统结构。

任务一　了解单路系统结构

单路系统数字印刷结构是每一个单色都是由一个独立的印刷成像单元完成，即这种系统有多个成像印刷单元一次性共同完成多色印刷。印刷时，纸张只需一次通过多个有压印滚筒和成像表面（或中间载体）组成的间隙，就可完成彩色印刷。每个成像单元不仅有成像装置还有图文信息输入装置、输墨装置和清理装置等。如图4-4-3所示。

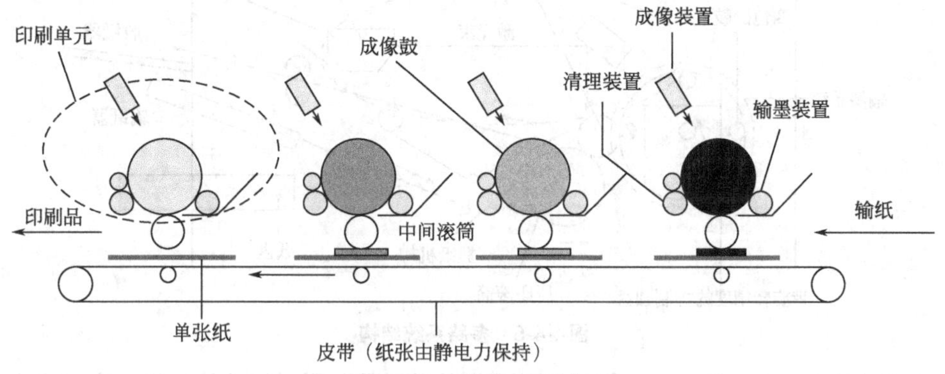

图4-4-3　单路系统结构

单路系统是由多个印刷单元组成的，所以其制造成本较高，但优点是印刷速度快，在成像速度相同的前提下，一单路系统的生产能力是多路系统的4倍，容易形成连续的作业流。单路系统的生产能力取决于成像装置的记录速度，而输墨装置和其他部件的工作速度需与成像速度匹配。单路系统多用在生产型数字印刷机上，如图4-4-4所示。

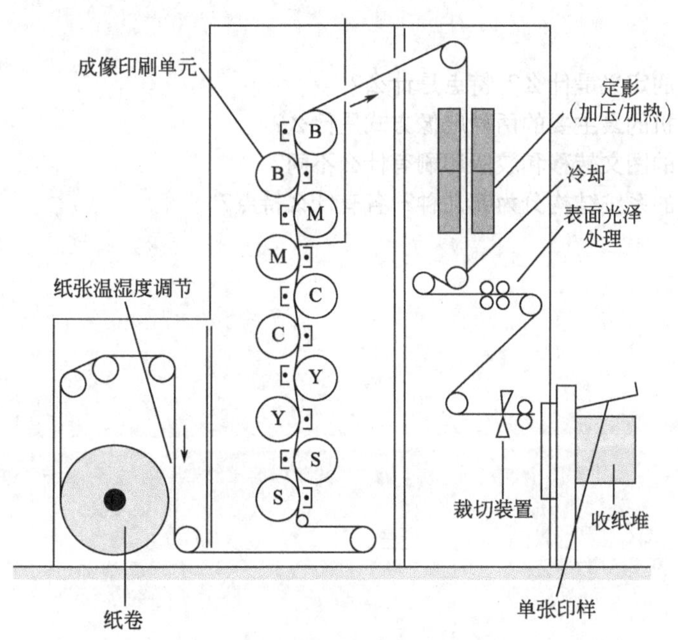

图4-4-4　卷筒纸单路双面数字印刷机

任务二　掌握多路系统结构

多路数字印刷机只有一个数字成像印刷单元，它必须与多个输墨装置配合使用实现各分色的印刷，纸张必须多次经过压印滚筒和成像装置（或中间载体）之间的间隙，为此压印滚筒或类似部件上应带有抓纸机构，保持纸张在固定的位置上。如图4-4-5所示，四色硒鼓（输墨装置）均匀分布在圆盘上，压印滚筒上有抓纸机构。

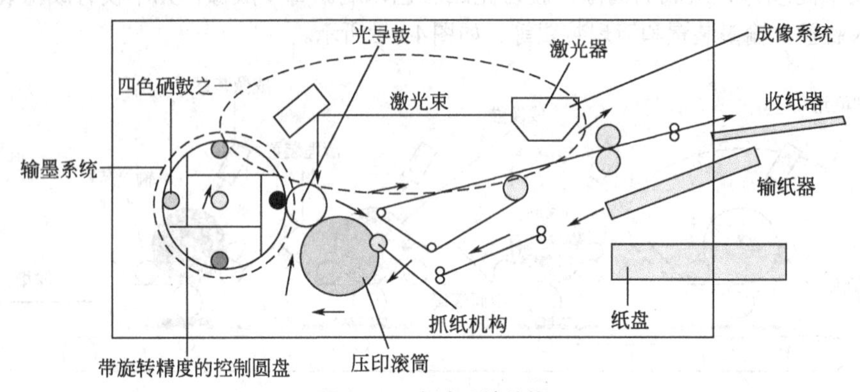

图4-4-5　多路系统结构

多路印刷系统因为只需一个成像单元，成像单元又是印刷系统结构中设备生产成本的主要部分，因此多路印刷系统数字印刷机制造成本低，又因纸张必须多次经过印刷装置才能完成多色印刷，造成所需印刷时间长，印刷速度慢，无法形成连续作业流，生产能力低。因此多路系统结构多用于商用数字印刷机上。

习题

1. 数字印刷的定义是什么？特点是什么？
2. 数字印刷机的最主要的两种成像方式是什么？
3. 数字印刷的图文转移和胶版印刷有什么不同？
4. 数字印刷的系统结构分为哪几种？各有什么特点？

参考文献

[1] 赵吉斌．平版印刷机结构与操作维护．北京：化学工业出版社，2007.
[2] 唐耀存．印刷机结构、调节与操作．北京：印刷工业出版社，2006.
[3] 袁顺发．印刷机结构与调节．北京：印刷工业出版社，2008.
[4] 成刚虎．印刷机械．北京：印刷工业出版社，2013.
[5] 潘光华，刘渝．印刷设备．北京：中国轻工业出版社，2006.
[6] 姚海根．特种数字印刷．北京：印刷工业出版社，2013.
[7] 武吉梅．单张纸平版胶印印刷机．北京：化学工业出版社，2005.
[8] 施向东，蔡吉飞．印刷设备管理与维护．北京：印刷工业出版社，2014.
[9] 张海燕．卷筒纸胶印机．北京：化学工业出版社，2006.
[10] 严格主编．数字印刷．北京：印刷工业出版社，2011.